Nadra Nait Amar

Une solution à la question de la congestion de Constantine

Nadra Nait Amar

Une solution à la question de la congestion de Constantine

Ville Nouvelle: Ali Mendjeli, Constantine

Presses Académiques Francophones

Impressum / Mentions légales
Bibliografische Information der Deutschen Nationalbibliothek: Die Deutsche Nationalbibliothek verzeichnet diese Publikation in der Deutschen Nationalbibliografie; detaillierte bibliografische Daten sind im Internet über http://dnb.d-nb.de abrufbar.
Alle in diesem Buch genannten Marken und Produktnamen unterliegen warenzeichen-, marken- oder patentrechtlichem Schutz bzw. sind Warenzeichen oder eingetragene Warenzeichen der jeweiligen Inhaber. Die Wiedergabe von Marken, Produktnamen, Gebrauchsnamen, Handelsnamen, Warenbezeichnungen u.s.w. in diesem Werk berechtigt auch ohne besondere Kennzeichnung nicht zu der Annahme, dass solche Namen im Sinne der Warenzeichen- und Markenschutzgesetzgebung als frei zu betrachten wären und daher von jedermann benutzt werden dürften.

Information bibliographique publiée par la Deutsche Nationalbibliothek: La Deutsche Nationalbibliothek inscrit cette publication à la Deutsche Nationalbibliografie; des données bibliographiques détaillées sont disponibles sur internet à l'adresse http://dnb.d-nb.de.
Toutes marques et noms de produits mentionnés dans ce livre demeurent sous la protection des marques, des marques déposées et des brevets, et sont des marques ou des marques déposées de leurs détenteurs respectifs. L'utilisation des marques, noms de produits, noms communs, noms commerciaux, descriptions de produits, etc. même sans qu'ils soient mentionnés de façon particulière dans ce livre ne signifie en aucune façon que ces noms peuvent être utilisés sans restriction à l'égard de la législation pour la protection des marques et des marques déposées et pourraient donc être utilisés par quiconque.

Coverbild / Photo de couverture: www.ingimage.com

Verlag / Editeur:
Presses Académiques Francophones
ist ein Imprint der / est une marque déposée de
OmniScriptum GmbH & Co. KG
Heinrich-Böcking-Str. 6-8, 66121 Saarbrücken, Deutschland / Allemagne
Email: info@presses-academiques.com

Herstellung: siehe letzte Seite /
Impression: voir la dernière page
ISBN: 978-3-8416-2517-5

Copyright / Droit d'auteur © 2013 OmniScriptum GmbH & Co. KG
Alle Rechte vorbehalten. / Tous droits réservés. Saarbrücken 2013

UNE SOLUTION À LA QUESTION DE LA CONGESTION DE CONSTANTINE : VILLE NOUVELLE ALI MENDJELI.

Melle Nait-Amar Nadra

Mémoire de magister soutenu le 19 avril 2005
Sous la Direction de Med Salah ZEROUALA

SOMMAIRE

INTRODUCTION GENERALE. 7

PROBLEMATIQUE METHODOLOGIE. 13

PREMIÈRE PARTIE
APERÇCU SUR LA SITUATION URBANISTIQUE GLOBALE EN ALGERIE.

CHAPITRE 1 : Aperçu succinct sur l'historique de l'urbanisation en Algérie. Position stratégique de l'Algérie.

    I.1.1.Historique de l'urbanisation en Algérie. 25

    I.1.2.Position stratégique de l'Algérie. 32

CHAPITRE 2 : Urbanisation post – indépendance de l'Algérie. Lecture sommaire sur les phénomènes démographiques en Algérie.

    I.2.1.Urbanisation en Algérie et principaux phénomènes urbains. 35

        I.2.2.2.Définition de l'urbanisme. 35

        I.2.1.2.Aperçu succinct sur la situation générale post – indépendance de l'urbanisme en Algérie. 36

    I.2.2.Population. 40

        I.2.2.1.Répartition géographique de la population. 40

        I.2.2.2.Population agglomérée et population éparse. 43

        I.2.2.3.Evolution de la population urbaine et rurale. 45

        I.2.2.4.Urbanisation et flux migratoire. 48

        I.2.2.5.Urbanisation et démographie (natalité). 51

        I.2.2.6.Urbanisation et industrialisation. 54

CONCLUSION. 57

    I.2.3.Habita 59

DEUXIÈME PARTIE
APERÇU MONOGRAPHIQUE SUR LA COMMUNE DE CONSTANTINE ET SON GROUPEMENT.

CHAPITRE 1 : **Lecture sommaire des réalités de l'espace constantinois.**

II.1.1.L'Est algérien, sphère de rayonnement de Constantine.	73
II.1.2.Constantine, berceau de la civilisation de l'Algérie nord – orientale.	76
II.1.3.Situation géographique privilégiée de la ville de Constantine.	81
II.1.3.1.Un climat méditerranéen à nuance continentale.	82
II.1.3.2.Un site contraignant.	82
II.1.4.Organisation administrative de l'espace constantinois.	85
II.1.5.Une croissance démographique contraignante	87
II.1.5.1.Mouvement naturel de la population et migration.	88
II.1.5.2.L'essor industriel et ses conséquences sur la vie de la cité.	98
II.1.6.La dynamique urbaine et les enjeux de l'urbanisme de la ville.	99
II.1.6.1.L'habitat illégal.	106
II.1.6.2.Les bidonvilles.	108
II.1.6.3.Phénomènes des glissements de terrain de Constantine.	113
II.1.6.4.L'etat de la Médina (vieille ville).	117
CONCLUSION.	120

CHAPITRE 2 : **Analyse du groupement de Constantine et sa pertinence dans la crise urbaine de la ville mère.**

II.2.1.Situation géographique du groupement de Constantine.	125
II.2.2.Croissance démographique et politique d'habitat dans le	

groupement. 126
II.2.3.Les secteurs économiques et les réseaux de communications
du groupement. 133
   II.2.3.1.Secteurs économiques. 133
   II.2.3.1.1.Secteur primaire : agriculture, pluviométrie, 133
   II.2.3.1.2.Secteur secondaire, industrie, B.T.P, énergie. 136
   II.2.3.1.3.Secteur tertiaire. 137
      II.2.3.2.Réseaux de communication 137
      II.2.3.2.1.Les infrastructures de base. 137
      II.2.3.2.2.Télécommunications. 139
II.2.4.Les potentialités foncières et l'urbanisation future du groupement. 139
CONCLUSION. 147

TROISIÈME PARTIE
LA VILLE NOUVELLE D'AIN EL BEY (ALI MENDJELI) : ÉTAT DE RÉFLEXION ET ENJEUX D'UNE URBANISATION FUTURE DE L'ESPACE CONSTANTINOIS.

CHAPITRE 1 : Les villes nouvelles entre Orient et Occident et position de l'expérience urbaine algérienne en matière de villes nouvelles.
   III.1.1.Les villes nouvelles entre Orient et Occident. 155
      III.1.1.1.Les villes nouvelles Françaises. 157
      III.1.1.2.Les villes nouvelles Egyptiennes. 159
   III.1.2.Illustration de la politique des villes nouvelles en Algérie. 163
      III.1.2.1.Les villes nouvelles créées pour des raisons industrielles. 166
      III.1.2.2.Les villes nouvelles créées pour décongestionner une métropole. 169
      III.1.2.3.Les villes nouvelles créées suite à une promotion administrative. 171
      III.1.2.4.Les villes nouvelles créées dans une optique de rééquilibrage
      du territoire. 174
      III.1.2.5.Les villages socialistes. 176
         III.1.2.5.1.Villages socialistes, précurseurs des villes nouvelles en Algérie. 176

III.1.2.5.2. Aperçu succinct sur un village socialiste :
Beni - Chougrane – Tamesguida. 180

CHAPITRE 2 : La ville nouvelle Ali Mendjeli, une solution au chaos urbain de l'espace constantinois ?

III.2.1. Passé historique et processus d'urbanisation post – coloniale du plateau d'Ain El Bey. 184

    III.2.1.1. Le passé historique. 184

    III.2.1.2. Urbanisation post – coloniale du plateau d'Ain El Bey avant le projet de la ville nouvelle. 187

III.2.2. L'emergence de l'idée d'une ville nouvelle sur le plateau d'Ain El Bey. 190

III.2.3. Site et sitologie de l'assiette support de la ville nouvelle d'Ain El Bey. 193

    III.2.3.1. Topographie et potentialités paysagères. 196

    III.2.3.2. Climat. 197

    III.2.3.3. Etude géotechnique. 197

    III.2.3.4. Etude hydrologique. 202

III.2.4. Organisation spatiale et fonctionnelle de la ville nouvelle Ali Mendjeli. 203

    III.2.4.1. Principes directeurs d'aménagement urbain. 207

    III.2.4.2. Les différents éléments composants la ville. 208

    III.2.4.2.1. Centre et notion de centralité. 211

    III.2.4.2.2. Typologie et densité des constructions. 216

        III.2.4.2.3. Les activités commerciales et les équipements 216

    III.2.4.2.4. Les éléments structurants et linéaires. 220

        III.2.4.2.5. Liaison de la ville nouvelle avec l'autoroute Est-Ouest. 223

        III.2.4.2.6. Assainissement de la ville nouvelle. 224

III.2.5. Illustration d'une unité de voisinage de la ville nouvelle d'Ain El Bey (UV n°2). 225

    III.2.5.1. Situation et caractéristiques du site. 225

    III.2.5.2. Identification urbaine de l'unité de voisinage. 226

III.2.6.Intervenants et partenaires économiques.	228
III.2.7.Situation actuelle de la ville nouvelle Ali Mendjeli.	241
III.2.7.1.Habitat.	248
III.2.7.2.Equipements.	249
III.2.7.3.Population.	253
III.2.7.4.Eau.	254
III.2.7.5.Electricité et gaz.	254
III.2.7.6.Assainissement.	255
III.2.7.7.Liaison de la ville Ali Mendjeli à l'autoroute Est – Ouest.	256
CONCLUSION.	258
CONCLUSION GENERALE.	262
POST-SCIPTUME	276
BIBLIOGRAPHIE.	282
LISTES DES FIGURES.	300
LISTES DES TABLEAUX.	302
ABREVIATIONS.	305
ANNEXES.	308

INTRODUCTION GENERALE

« Aujourd'hui le monde arabe se caractérise par un extraordinaire essor des villes et par des changements dus à l'urbanisation. Sur une population de 200 millions d'habitants environ, la moitié est constituée de citadins. L'explosion urbaine qui caractérise plusieurs pays arabes se traduit non seulement par une croissance spectaculaire des métropoles et des grands centres régionaux, mais aussi par l'évolution rapide des petites et moyennes villes depuis une vingtaine d'année. Si ces transformations montrent une progression soutenue de la population urbaine du monde arabe, elles donnent lieu à un processus d'urbanisation peu uniforme ».[1]

N'ayant pas échappé à ce phénomène, l'Algérie est l'un de ces pays qui connaît des transformations profondes dans le domaine urbain dont la conséquence est l'aboutissement à un processus d'urbanisation non planifié, non réglementé (Il y a eu des planifications mal appliquées ou partiellement appliquée) ; ce désordre, malgré les textes législatifs et réglementaires (Ordonnance n°75-74 du 12 novembre 1975 portant établissement du cadastre général et institution du livre foncier : Loi n°82-02 du 6 février 1982 relative au permis de construire et au permis de lotir : Loi n°87-03 du 27 janvier 1987 relative à l'aménagement du territoire : Loi n°90-29 du 1° décembre 1990 relative à l'aménagement et l'urbanisme) semble être motivé par le laxisme et par l'absence d'une autorité affirmée dont la charge est de veiller scrupuleusement à l'application de la réglementation relative à l'urbanisme. Non seulement nous constatons une absence totale de contrôle, mais nous assistons également au mauvais usage du foncier, à un manque de cohérence dans l'attribution des assiettes et à l'urbanisation des terrains non aedificandi (ex. la cité Boussouf à Constantine). Aussi l'espace algérien est-il devenu plus encombrant et contraignant.

Depuis l'indépendance (05 juillet 1962) à nos jours, ce pays connaît, malgré les mesures prises, les campagnes de sensibilisation relatives à la limitation des naissances, la mise en place des centres de planning familial visant une très forte poussée démographique qu'il est impérieux de prendre en considération dans tout projet de développement. Ce phénomène marquant influe considérablement non seulement sur la situation socio-économique du pays, mais il a aussi des conséquences multiples sur tous les secteurs, notamment sur l'éducation, la santé, l'emploi, l'équilibre régional, l'urbanisation....

« En novembre 1995, la population algérienne est estimée à 28,2 millions d'habitants, son taux d'accroissement naturel, quoiqu'en retrait, serait de 2,3%, soit un dédoublement de la population en 30 ans. ».[2]

En outre, l'étude du dernier recensement de la population effectué à la date du 25 juin 1998 montre que « celle - ci s'est accrue de plus de six millions de personnes entre 1987 et 1998. Elle est passée de 23 millions de personnes à plus de 29 millions. Son rythme d'accroissement (taux d'accroissement annuel moyen) connaît, sinon confirme le ralentissement déjà observé : il est passé

---

[1] www.UNESCO09/most/kharoufi.htm.

de 3,21% durant la période 1966/1977, à 3,08% durant la période 1977/1987 et pour atteindre, enfin, 2,16% au cours de la période 1987/1998. ».[3]

Cet accroissement de la population enregistré depuis 1966 jusqu'en 1998 s'explique surtout par la très forte natalité, par la faible mortalité et par les mouvements migratoires internes. Les deux premières composantes constituent l'élément majeur de la croissance de la population en Algérie.

Quant au troisième paramètre, l'exode rural, il est défini, dans le contexte de l'Algérie et d'ailleurs, comme étant un transfert de population d'un milieu rural vers un milieu urbain (L'ampleur de ce phénomène est très visible : des foules désœuvrées déambulent, sans but précis, sur les places publiques).

Le phénomène de déplacement des populations s'est davantage accentué durant la dernière décennie ; la conjoncture économique désastreuse que traverse le pays (dissolution d'entreprises, licenciement, chômage, dette extérieure, inflation,…), la paupérisation des campagnes et surtout le terrorisme ravageur incitent de nombreuses populations rurales, en quête d'emplois, à abandonner les campagnes et à trouver refuge dans les bidonvilles en bordure des villes (le déficit enregistré dans l'habitat, la pauvreté, la baisse alarmante du pouvoir d'achat, poussent ces populations à construire, en dépit des normes et des règles les plus élémentaires d'hygiène, de salubrité et de sécurité,

---

[2] O.N.S, 1995, p1.
[3] (Collections statistiques n° 97, R.G.P.H. 1998 – Armature urbaine O.N.S.).

des mansardes tout autour des agglomérations et en particulier et surtout des grandes).

Le voyageur en visite dans une agglomération est frappé par l'ampleur de ce phénomène : les abris de fortune construits et leur nombre impressionnant ne peuvent échapper à un observateur averti. Cette réalité est confortée par les résultats du dernier recensement de la population (1998). En effet, l'analyse des données statistiques démontre pleinement un déséquilibre très accentué entre les populations des zones agglomérées et des zones rurales.

Il convient de souligner que le fort dépeuplement des zones rurales s'est encore amplifié au cours de ce qui est appelé communément en Algérie la décennie noire, période marquée par la détérioration de la situation et l'apparition du terrorisme aveugle qui a aggravé le déséquilibre très poussé dans la répartition des populations. A titre tout à fait indicatif, le reportage intitulé :« Des villages entiers continuent à se vider : les Algériens qui fuient le terrorisme. »[4], donne, à travers les chiffres concernant quelques localités, un aperçu quant à la terreur causée par cette « calamité » qui a provoqué des déplacements massifs et forcés de populations en quête de cieux plus cléments : « La population de la localité de Zoubiria, distante de 10km de Berrouaghia (wilaya de Médéa) est passée de 9000 à 17 000 habitants. Le nombre de réfugiés dans la ville de Médéa s'élève à 40 000. De Tamesna, à une heure de route de Saida, 3000 familles ont quitté les lieux pour se réfugier au

---

[4] Le quotidien 'Le Matin de Constantine', n° 2804 du 16 mai 2001.

niveau des huit bidonvilles ceinturant la ville. Ain - Ferah, village distant de 60km de Mascara, est considéré comme l'une des communes du pays où la population diminue sensiblement d'année en année. Elle est passée de 7100 à 6000 habitants ».

Cette situation a intensifié et a aggravé encore plus le déséquilibre démographique existant dont les incidences sont désastreuses sur le développement et la croissance des villes algériennes. Ces dernières ont dû traverser et traversent encore des périodes graves et difficiles dont la réaction de cause à effet est l'accumulation de maux sociaux qui sont à l'origine d'une 'urbanisation non réglementée'. (Exode non maîtrisé).

À tous ces problèmes vient se greffer le "désordre" qui règne dans le foncier. En effet, la spéculation fait rage dans ce créneau malgré la pléthore de textes de lois dont l'Algérie peut s'enorgueillir de figurer parmi les pays les plus avancés dans ce domaine, notamment la loi n°90-25 du 18.11.1990 portant orientation foncière. Les variations de la réglementation sont devenues monnaie courante (des articles de presse qui corroborent cet état de fait sont légions) et l'on assiste même à la légalisation de l'illicite, (la prolifération des établissements non planifiés comme les appellent les experts du programme des Nations Unies pour l'environnement).

Devant l'ampleur de tous ces problèmes et la complexité de la situation qui appelle une intervention rapide pour la remise en ordre dans ce « fouillis », les autorités supérieures de l'Etat ont été amenées à réagir et à rechercher les solutions susceptibles d'enrayer ces problèmes cruciaux et d'arrêter une stratégie propre à mettre un terme au désordre.

Enfin, on peut affirmer que le logement (avec le chômage, le terrorisme et la rareté de l'eau) constitue l'un des plus grands problèmes auquel est confronté le pays depuis au moins deux décennies. Loin de s'atténuer malgré les efforts soutenus, la crise ne fait que prendre de l'ampleur.

Face à cette crise, la seule alternative qui s'offre au pays est la conception et la construction de **villes nouvelles** ayant chacune une mission bien définie, solution adoptée dans plusieurs pays du monde. « Ainsi chaque pays, selon ses caractéristiques a conçu, réalisé, vécu son expérience de villes nouvelles ».[5]

En ce qui nous concerne, nous présenterons une étude type, celle de la réalisation de la ville nouvelle d'Ain El Bey (Constantine) et les considérations qui ont motivé sa création.

---

[5] URBACO, 1994 : Ville nouvelle d'Ain El Bey, Rapport préliminaire.

PROBLEMATIQUE

L'une des villes algériennes qui vit et traverse, avec acuité, des périodes graves et difficiles, connaît un processus de développement spatial spectaculaire avec une très forte saturation est celle de Constantine, chef-lieu de la wilaya de même nom (pas moins de sept cités ont été construites entre 1975 et 1982). Elle concentre l'ensemble des difficultés et des problèmes auxquels sont confrontées les grandes villes du tiers monde : circulation automobile très dense, "bidonvillisation", (en cours d'éradication) détérioration du cadre bâti et de l'environnement. La désarticulation de son tissu urbain, l'encombrement et l'insalubrité croissante de jour en jour pèsent lourdement sur la vie des citoyens. (Sur l'urbain).

Son évolution, de par le temps, a engendré de grandes transformations dans l'organisation de son espace. Sous l'effet d'une poussée urbaine chaotique (confusion générale dans le domaine urbanistique), celui-ci (l'espace) s'est profondément modifié au cours des dernières décennies. Cette métropole antique a non seulement évolué et changé de forme, mais elle est aussi la proie de facteurs géo- économiques et spatiaux désastreux qui sont à l'origine de son déséquilibre urbain et du délabrement total de son site, et eurent pour conséquence un état de saturation de ce dernier (site).

La croissance urbaine de la ville s'est effectuée à partir de ce rocher et ce, dans trois directions, une quatrième étant déjà amorcée : « Cette croissance s'est faite selon quatre périodes de l'histoire. A chaque époque correspond un développement caractérisé par une configuration spécifique et comportant des types d'unités morphologiques déterminées par des facteurs d'ordre économique, social et spatial. ».[6]

La quatrième période, soit depuis le début des années 1970 à nos jours, se distingue par l'éclatement de la ville de Constantine. Sa croissance est justifiée par l'essor industriel enregistré à partir des « boom pétroliers » (le prix du baril de pétrole s'élevait à 43 dollars en 1979 et chuta à 5-10 dollars en 1985/1986) et par la très forte poussée démographique. L'accroissement du taux actuel de concentration de sa population par rapport à l'ensemble de la wilaya est enregistré au niveau du chef-lieu : 57,34% de la population sont concentrés dans la commune de Constantine, soit une densité moyenne de 2617 habitations au km² et un taux d'urbanisation de 84,4%.

Cette situation, combien délicate, est à l'origine de la crise aiguë du foncier, de l'habitat et autres qui sévissent jusqu'à ce jour et a appelé les décideurs à procéder, en premier lieu à une extension urbaine volontariste. C'est ainsi que l'urbanisation s'est effectuée, entre 1979 et 1980, autour des programmes Z.H.U.N, (Zones d'habitations urbaines nouvelles). Définies par une instruction ministérielle, celles-ci avaient pour objectif de mettre un terme à toutes les formes de spéculation du logement social et à

---

[6] Eléments de composition urbaine 1994, p25.

protéger, en même temps, les terres agricoles contre une urbanisation non planifiée et non contrôlée.

Or, ces grands ensembles (Z.H.U.N), sans âme, démunis de vie urbaine et dépourvus des équipements d'accompagnement et autres infrastructures, grands consommateurs d'espaces, urbanisables ou non, n'ont pas répondu positivement, aux préoccupations des citoyens et n'ont donc pas donné les résultats souhaités.

Feu Tahar Djaout qui n'a aucun lien avec l'architecture n'a pas manqué de décrire ces grands ensembles: « Les gros ensembles d'habitation comme les constructions individuelles, s'élèvent un peu partout, rarement agréables à l'œil, rongeant comme d'immenses verrues le paysage urbain, ou le prolongeant en un désolant entassement de cubes. Et (signe des temps ?), les ensembles d'habitations posés là en toute hâte, n'ont même pas eu le temps de se voir attribuer un nom qui les humanise. Nous assistons à l'émergence de véritables « cités numériques » : cité des 628 logements, cité des 800 logements… ».[7]

Aussi, pour remédier à cet état de fait et pour sauvegarder le peu d'espace restant et atténuer la forte poussée urbaine qui affecte cette cité dont l'expansion est interdite par les contraintes topographiques de son site, des décisions ont été prises en vue de transférer, vers les communes limitrophes, les extensions et les activités encombrantes de la ville mère.

---

[7] Architecte : l'homme invisible, Habitation, Tradition, Modernité, H.T.M. Algérie 90 ou l'architecture en attente, N° 1, octobre 1993 p81.

Par leur voisinage et leur proximité, ces dernières dont les disponibilités en matière d'espace sont plus importantes que celles du chef-lieu de *wilaya*, forment un ensemble géographique cohérent, appelé « Groupement des communes de Constantine. ».

Par sa position géographique centrale, Constantine place les communes du groupement dans son champ d'attirance et leur fait subir, par voie de conséquence, son poids en fonction de leurs dispositions. Elles deviennent ainsi, ses satellites. Au nombre de quatre : Ain Smara, Didouche Mourad, El Khroub, Hamma Bouziane, ces communes qui forment un triangle d'urbanisation composant le « Grand Constantine », répondaient, semble-t-il, aux besoins de la métropole qui ne peut pas assouvir sa faim en espace vital.

L'urbanisation de ces centres se développa dans deux axes préférentiels et on assista, à un développement tentaculaire qui aurait pu aboutir à une « conurbation. », la distance de la commune la plus éloignée de la grande cité étant à peine de 16km.

Or, l'étude du Plan Directeur d'Urbanisme (P.U.D) du groupement a montré que les satellites ne pouvaient répondre aux besoins de croissance de Constantine que pendant une durée déterminée, les problèmes auxquels est confrontée leur propre population qui croit d'année en année, le souci de sauvegarder les terres agricoles, étant la préoccupation majeure des responsables locaux.

Ces satellites où se sont créées des zones d'activités accompagnées de Z.H.U.N, le plus souvent au détriment des terres agricoles et ce, contrairement aux instructions officielles, se sont développés pour résoudre, avant tout, un problème de disponibilité de terrains qui fait défaut à la ville de Constantine. Sous-équipés, sans stratégie de viabilisation, ils constituent de véritables cités dortoirs et incitent les habitants à continuer, comme par le passé, à grossir le flot des citoyens qui se déversent quotidiennement, au centre de Constantine pour prendre d'assaut les équipements et autres services.

Ces communes sur lesquelles s'est rabattue Constantine pour absorber son surnombre ont démontré leur incapacité à prendre en charge un fardeau aussi lourd et ont subi, au contraire, les contre - coups de la métropole.

L'état de crise du tissu de la ville de Constantine, la situation du chaos spatial et fonctionnel dans lesquels elle se débat, les contraintes de la démographie galopante, de la migration intérieure, des glissements de terrains, des effondrements, de la saturation du groupement et son incapacité de décongestionner le centre, ont amené les autorités à proposer les solutions susceptibles de prévenir un état comateux dans lequel pourrait sombrer la ville du rocher et à mettre un terme à sa dégénérescence et à sa détresse.

La formule avancée et retenue est la création d'une ville ex - nihilo sur le plateau d'Ain El Bey, situé à 15km au sud de Constantine. D'une superficie de 1500 hectares, celui-ci, qui présente beaucoup d'avantages, peut accueillir la nouvelle entité urbaine qui est appelée à abriter, à long terme, près de 300 000 âmes et répondrait ainsi aux préoccupations de maîtrise de la croissance urbaine et spatiale.

Cependant, la création d'une grande concentration urbaine mitoyenne à une métropole appelle un certain nombre de questions :

1°- L'importance de la stature qui est prévue (plus de 300 000 habitants), la courte distance qui la sépare de la ville mère (15km), ne sont- ils pas des paramètres qui conduisent, à long terme, à une conurbation? C'est à dire que la nature du projet ne constitue-elle pas un simple projet d'extension urbain de plus comme ceux déjà vus ? ;

- Parviendra- t- elle à décongestionner le centre qui ne peut être soulagé que par la mise en place des équipements et la création d'emplois pour les futurs résidents ? ;
- Ne risque t- elle pas d'aggraver davantage une situation déjà compliquée ? (Le fait de ne pas implanter des unités créatrices d'emplois compliquerait la situation de la commune qui n'aura pas des entrées financières suffisantes susceptibles de lui permettre de gérer les affaires de la cité et des résidents qui devront effectuer, chaque jour, le trajet de leur nouvelle résidence vers leur lieu de travail.) ;
- Sera- t- elle en mesure de résorber et d'absorber le déficit accusé en matière d'habitat par le chef-lieu de wilaya surtout, et aussi par les communes dont elle dépend ? (Ain Smara et El Khroub - il y a lieu de noter que le terrain

d'assiette de la ville nouvelle chevauche sur les deux communes.);
- Sera-t-elle, comme l'espèrent les autorités, la bouée de sauvetage ou le poumon tant attendu ?

2°- Quelle est sa fonction exacte ? Est-elle destinée à accueillir tout simplement des sinistrés et autres résidents de bidonvilles ? La population saura-t-elle s'adapter à son nouvel environnement ? Serait-ce plutôt un déracinement, leurs liens affectifs étant toujours à proximité de leur ancienne résidence ?

En outre, comme il est stipulé précédemment, les moyens financiers suivront- ils, sachant que la situation économique du pays n'est pas très florissante? Il est également indispensable de définir, dès à présent, son rôle dans l'armature urbaine locale, régionale et nationale et de la doter, au plus-tôt, d'un statut. Il y a lieu de signaler que faute de statut, les crédits alloués pour sa réalisation sont toujours gérés par la wilaya. Ce projet, s'il venait à bénéficier de tous les moyens aussi bien humains, matériels que financiers et à être réalisé selon des normes bien définies et bien étudiées, serait d'un grand apport pour résorber le déficit en logements dont souffre l'antique *Cirta*. Pour les autorités locales et à leur tête la wilaya, la réalisation d'un pôle urbain, à proximité du rocher, est une nécessité vitale pour le décongestionnement de la ville mère.

Gérer une grande agglomération (aux problèmes déjà multiples et insurmontables) qui abriterait plus d'un million d'habitants avec des moyens aussi dérisoires ne ferait que compliquer davantage la tâche des gestionnaires qui, malgré la bonne volonté dont ils feront preuve, ne seront pas en mesure de maîtriser et d'améliorer la situation combien pénible de la ville.

L'analyse découlant de ces questionnements éclaircirait davantage l'opportunité de la poursuite des travaux entamés pour créer de toutes pièces cette entité qui semble, au départ ne pas être un facteur déterminant dans la solution des problèmes cruciaux de la capitale de l'Est.

Dans le présent essai scientifique, nous avons jugé nécessaire de répartir l'étude en trois axes de réflexion qui ne sont pas forcément séquentiels :

Premier axe :

Il consiste à brosser un tableau sur l'urbanisme en Algérie, son impact et ses conséquences sur l'évolution de l'espace algérien. Cet essai permettra de situer l'environnement dans lequel a évolué et évolue actuellement la ville de Constantine, de recenser les problèmes soulevés au niveau national dont l'influence est certaine sur la cité auxquels viennent s'adjoindre les difficultés spécifiques à cette ville : glissements de terrain, bidonvilisation très poussée…

Deuxième axe :

Cet axe est divisé en deux chapitres bien distincts : le premier consiste, à travers le choix de l'espace constantinois, un essai critique à travers des études déjà accomplies en mesure de situer la question des villes nouvelles dans les contextes de l'urbanisation et de la logique ainsi que la vision de l'Etat algérien en matière d'urbanisation.

Le deuxième chapitre a pour objectif 'de faire le point' (au lieu d'analyser) l'évolution de la ville de Constantine en terme de dynamique urbaine et ce, afin de construire un corpus nécessaire pour la compréhension des modes de fonctionnement de l'espace constantinois et des enjeux de son urbanisation d'une part, et comprendre le redéploiement de la croissance de la ville de Constantine sur ses satellites, la nature des interrelations engendrées et les incidences de ce report, d'autre part.

Troisième axe :

Divisé en deux chapitres, le premier consiste, à travers la sélection de plusieurs modèles de villes nouvelles : Grande Bretagne, France, Egypte,…..de retracer brièvement l'histoire et l'émergence des villes nouvelles.

Le deuxième chapitre et le plus important vise, à travers le choix de la ville de Constantine à aborder l'émergence de la ville nouvelle Ali Mendjeli, les idées, la logique, le cadre juridique, le devenir du futur pôle urbain (ville nouvelle d'Ain El Bey). Pour cela une étude de la ville nous permettra de diagnostiquer au préalable, la nature des relations de la ville mère, de la ville nouvelle et enfin de construire un essai critique en mesure de répondre à notre préoccupation première, à savoir les incidences de la programmation de la ville d'Ain El Bey dans la crise de croissance urbaine de l'espace Constantinois.

Le travail de recherche a été élaboré sur la base d'une recherche livresque : documents, ouvrages, rapports et cartes. Afin de faciliter la lecture et la compréhension du texte, il sera illustré par une série de chiffres, cartes, tableaux, photos et des références bibliographiques.

PREMIÈRE PARTIE
APERÇU SUR LA SITUATION URBANISTIQUE GLOBALE EN ALGÉRIE

CHAPITRE 1 :

Aperçu succinct sur l'histoire de l'urbanisation en Algérie

Une ville naît des besoins d'interaction entre les êtres. La ville algérienne a connu à travers le temps, une multitude d'invasions, de civilisations dont des projets successifs qui ont permis un développement progressif de la ville traditionnelle, chaque occupant chasse l'autre tout en préservant l'héritage.

Le premier chapitre nous résume les différentes occupations et civilisations de l'Algérie et leur impact sur le développement des villes.

I.1.1. L'historique de l'urbanisation en Algérie

« L'histoire des phénomènes urbains en Algérie est assez originale dans la mesure où elle ne se présente pas comme un processus uniforme qui s'est formé au fil du temps. Au contraire, l'histoire de l'urbanisation en Algérie est faite d'une série de successions et de ruptures correspondant aux multiples occupations du pays de l'antiquité à nos jours. »[8].

Chaque occupant a mis en place son propre système de développement totalement différent de celui qui l'a précédé, les objectifs assignés et les intérêts recherchés étant les seuls principes qui les guident dans leurs choix.

« L'espace algérien apparaît aujourd'hui comme écrit par des sociétés successives. Car, par phénomène d'inertie, des pans entiers des espaces pré - coloniaux ou coloniaux perdurent jusqu'à aujourd'hui, au milieu des créations récentes. Dans cet espace composite, chaque legs du passé se lit avec une schématisation étonnante qui fait que le territoire algérien constitue pour le géographe un terrain très pédagogique de lecture de l'espace. »[9]

---

[8] Rahmani C, 1982 : La croissance urbaine en Algérie, Ed OPU, 317p.
[9] Cote M, 1996 : L'Algérie, Ed Masson/Armand Colin, 253p.

Bien avant l'arrivée des arabes, l'Algérie connut deux occupations :
- Celle des Puniques et des Carthaginois dont la seule préoccupation était l'implantation de comptoirs sur la côte méditerranéenne ;
- Celle des Romains qui s'est caractérisée par un système de colonisation urbaine avait une base citadine, « support à la fois de l'exploitation mercantile et du commandement politique. ».[10]

Contrairement aux Carthaginois, les Romains s'installèrent aussi bien sur la côte qu'à l'intérieur du pays, les vestiges existant le démontrent pleinement. Malgré les aléas du temps, des vestiges sont visibles de nos jours : Cirta, Djemila, Hippone, Tébessa, Tipaza, etc.

L'urbanisation entreprise par les Arabes est à base citadine répondant ainsi à la règle qui stipule que « l'islam est une religion de citadins. » (Samir Amin, l'économie au Maghreb, revue d'Alger), « le réseau des villes arabes répond surtout au nouvel esprit de l'islam. ».[11]

Des villes furent développées tant sur la côte méditerranéenne qu'à l'intérieur du territoire et notamment dans la steppe septentrionale. Des cités comme M'sila (Kalaat Beni Hammad), Béjaia, Constantine, Tlemcen et autres portent jusqu'à ce jour la marque des schémas urbains et de l'organisation de l'espace. Des Médinas bien vivantes, même si elles posent des

---

[10] Rahmani C, 1982 : Idem.
[11] Marçais G : La conception des villes dans l'Islam.

problèmes, sont les témoins de cette forme d'urbanisation. Il y a lieu de préciser que la ville de Béjaia a atteint 100 000habitants à l'époque où elle était la capitale des Hammadites.

L'occupation ottomane qui était peu favorable à l'essor urbain s'est manifestée par l'utilisation du réseau déjà existant dans les anciennes villes arabes.

Ainsi, les objectifs fixés pour perdurer dans leur occupation, à savoir le contrôle de l'intérieur du pays et la surveillance de la façade méditerranéenne ont été à l'origine du système mis en place par les Turcs :
- Implantation de villes ayant des fonctions administratives et militaires à l'intérieur ;
- Implantation de villes côtières tournées plutôt vers la mer.

En 1830, date de l'entrée du corps expéditionnaire français dans le pays, le nouvel occupant trouva, en Algérie, un système urbain en pleine décadence. « Elle ne tarde pas à assurer l'occupation et le contrôle. C'est sur cette toile de fonds que le colonat entreprit la récupération des villes, des terres agricoles et l'occupation de nouveaux centres de colonisation. ».[12]

Ainsi, débuta la colonisation de peuplement, la récupération des terres des paysans algériens qui, dépossédés et refoulés, constituaient une main d'œuvre à bon marché.

Le nombre de colons installés augmentait progressivement d'année en année (25 000 en 1840, 110 000 en 1847, 130 000 en 1851 et plus de 272 000 en 1871) et ne tarda pas à dépasser, dans les villes, la population autochtone : 260 000 de 1870 à 1900 et dès 1870, 60% des colons sont citadins et atteindront 64% en 1885 et plus de 70% en 1925 sur une population totale de 864 000 habitants.

Les colons qui traversent la Méditerranée sont des « durs à cuire, des aventuriers, des fils de famille couverts de dettes, et également des 'gants jaunes' comme on dit à l'époque, des nobles désargentés qui cherchent à recréer la féodalité qu'ils ont perdue en France, tel le Baron de Vialar, qui s'installera dans la Mitidja….C'est bien la République qui va poursuivre le travail et pousser la 'populace', les artisans ruinés par la crise, les agriculteurs sans terre vers des villages, des colonies agricoles créées de toutes pièces : on fait un plan, on établit un cadastre des concessions, on baptise le village d'un nom Français. A chaque colon on donne un lopin de terre ».[13]

Plusieurs villes nouvelles (ou villages de colonisation) furent construites pour accueillir la population européenne arrivée en masse au pays. La ville européenne a pris possession de la Médina où des axes furent percés, des constructions neuves de type colonial se substituèrent aux petites maisons des médinas et de la périphérie ex – nihilo pour édifier de grands quartiers coloniaux, à la fois à des fins de contrôle de l'espace et de la mise en valeur des terres agricoles, d'affirmer la puissance du colon et procéder ainsi à la séparation des deux communautés qui n'avaient aucun lien entre

---

[12] Rahmani C, 1982 : Idem.
[13] L'Express, 2002 : Spéciale France Algérie 1830/2002, un récit pour comprendre 172 ans de drames et passions, n°2645.

elles : Les indigènes confinés dans ce qui restait de la médina d'un côté et les nouveaux occupants de l'autre.

Les bonnes terres agricoles de la zone tellienne furent occupées et exploitées et leurs propriétaires légitimes expulsés vers des terres incultes.

De cette politique, des villes entières perdirent une bonne partie de leur population dont la récupération n'interviendra que plus tard ; de la comparaison du nombre d'habitants de trois villes il ressort ce qui suit :

Villes	Périodes	Habitants	Périodes	Habitants	%
Alger	XV é	150 000	1830	30 000	20%
Constantine	XV é	100 000	1830	25 000	25%
Tlemcen	XV é	100 000	1830	13 000	13%

L'urbanisation entreprise par l'occupant qui s'est appuyé sur les nœuds urbains déjà existants était concentrée sur le littoral et sur les terres fertiles. Afin de faciliter les échanges avec leur métropole, les colons développèrent les villes portuaires ; d'autres villes destinées à contrôler et à commander un espace aussi vaste furent créées, « celles – ci qui méritent de figurer dans toute anthologie de villes nouvelles, sont l'œuvre du génie, travaillant sur un modèle urbain à peine adapté aux particularités physiques locales. C'est le cas, par exemple, de Ténes, Tiaret, Saida, Arzew, Sidi Bel Abbes, Sétif, Batna. »[14]. Par contre, d'autres qui n'offraient aucun avantage et qui ne répondaient pas à la stratégie arrêtée furent totalement abandonnées.

Ainsi, dans sa préoccupation d'asseoir sa présence et de mieux consolider son autorité, de sauvegarder ses intérêts et d'assurer la subsistance de ses ressortissants et de tirer profit des richesses qu'offre le pays, le colonisateur adopta une stratégie de développement et de création de villes minutieusement réparties à travers le territoire conquis. A chacune ou groupe des villes est confiée une mission bien déterminée :

a- Région Nord :

- Villes ayant une fonction de commandement : les grandes agglomérations qui auront chacune l'administration de toute une région (Alger, Constantine, Oran) ;
- Villes auxquelles sont confiées des activités agro-industrielles : Annaba, Skikda, Mostaganem ;
- Villes ayant pour mission d'assurer les échanges et également des fonctions administratives. Elles serviront de résidence pour les Européens ;
- Villes ayant une fonction administrative qui serviront aussi de relais militaires et de surveillance du territoire : Sidi Bel Abbes.

b- Région Sud :

- Villes ayant des fonctions administratives, de négoce et de commandement militaire (on sait que le Sahara était déclaré zone militaire).

Cependant, la faiblesse de la poussée démographique et le maintien de la main d'œuvre paysanne dans les campagnes n'eurent aucune incidence sur cette urbanisation, les villes abriteront pendant une bonne période plus d'Européens que d'autochtones (A Alger en 1872, 38 985 Européens contre 10 000

---

[14] Chaline C, 1996 : Les villes du monde arabe, Ed Armand Colin, 181p.

Algériens). Ce n'est que dès l'année 1910 que la population Algérienne des villes dépassa celle des Européens. La première moitié du XX° siècle a été caractérisée sur le plan démographique par de forts déplacements de populations qui se sont traduits au niveau urbain par la formation d'une structure hiérarchisée des villes.

La politique extérieure du système économique colonial, en s'appropriant des terres des paysans, a provoqué un phénomène de déracinement de la population Algérienne.

Toutefois, l'Algérie dans son ensemble est demeurée, durant cette période, profondément rurale, « pays à faible urbanisation mais à grandes villes : telle est l'Afrique du Nord, pays à chair rustique mais à grosse tête ».[15]

Mais la crise des années 1930 et les conséquences négatives qu'elle engendra sur les populations algériennes et en particulier les paysans, provoqua un exode rural massif vers les villes qui, sous le silence des pouvoirs publics qui n'ont prévu aucune structure d'accueil, eut pour effet la création d'un espace hétérogène : d'un côté le centre ancien, de l'autre les quartiers européens et enfin un nouveau mode d'habitat précaire institué par les déracinés.

« A une société dépossédée et segmentée a correspondu nécessairement un espace ségrégué et éclaté. La croissance urbaine s'est accompagnée d'une transformation profonde des paysages urbains et des modes de fonctionnement des villes. Outre la

---

[15] Rahmani C, 1982 : Idem.

dégradation et la paupérisation des centres historiques (Médinas), la ville a mal supporté les déferlements périphériques d'un habitat précaire, illégal. »[9]

I.1.2. Position stratégique de l'Algérie

D'une superficie de 2 382 000km² (par cette superficie, l'Algérie se classe au deuxième rang en Afrique après le Soudan), l'Algérie est limitée :

- Au Nord : par la mer Méditerranée (1200km de côte) ;
- A l'Est : par la Tunisie (1050km de frontière commune), la Libye (1000km de frontière commune) ;
- A l'Ouest : par le Maroc (1350km de frontière commune), le Sahara Occidental (60km de frontière commune), la Mauritanie (450km de frontière commune) ;
- Au Sud : par le Mali (1100km de frontière commune), Le Niger (1180km de frontière commune).

Le pays qui dispose d'une belle façade sur la Méditerranée (1200km) présente des atouts indéniables renforcés par sa position stratégique de première importance ; au cœur de toutes les sphères géopolitiques et économiques auxquelles elle appartient : Maghreb arabe, Afrique, Méditerranée, Monde arabe, Monde musulman, Tiers Monde.

Clef de voûte du Maghreb, elle est le trait d'union entre ses voisins. Par sa position géographique, elle « pénètre en pointe jusqu'en plein cœur de la masse africaine. ».[16]

---

[16] Troin j-f ; p174.
[16] Cote M, idem p8.

En somme, la situation de l'Algérie est « carrefour, fenêtre, espace d'interférence. Méditerranéenne par son climat, africaine par son substrat, arabo – islamique par sa culture, occidentale par ses échanges économiques elle combine tous ces éléments en un cocktail qui lui confère une originalité indéniable parmi les pays qui l'encadrent. ».[17]

---

[17] Cote M, Idem, p13.

CHAPITRE 2 :

Urbanisation post-indépendance de l'Algérie. Lecture sommaire sue les phénomènes démographiques en Algérie

De l'historique précité sur les différentes formes d'urbanisation vécues par l'Algérie, il apparaît qu'il n'y a pas de continuité, comme il a été affirmé précédemment, dans le domaine urbanistique entre les différentes périodes durant lesquelles le pays a subi le joug de ses occupants.

L'Algérie indépendante trouve sur le plan démographique et urbain un héritage très lourd : une masse de population déracinée, prolétarisée, affectée d'une forte mobilité géographique, concentrée dans les noyaux principaux.

Contrairement au Maroc et à la Tunisie, l'Algérie a connu, sous l'occupation française, des avatars et des bouleversements profonds qui n'ont épargné ni la société dans son ensemble, ni les domaines vitaux du pays : la colonisation de peuplement ainsi menée, a entrepris plusieurs tentatives de « désidentification », de déculturation et de déstructuration. Aussi, dans le domaine urbanistique « alors que la Tunisie et le Maroc se caractérisent depuis la période romaine par une continuité historique de leurs principaux pôles urbains, l'Algérie, à l'inverse, a connu de nombreuses fractures et de multiples ruptures qui ont affecté la stabilité du milieu urbain au fil des occupations. ».[18]

I.2.1 Urbanisation en Algérie et principaux phénomènes urbains

I.2.1.1.Définition de l'urbanisme.

Il est utile, avant d'aborder l'étude du phénomène urbain en Algérie, de définir l'urbanisme afin de mieux saisir l'importance

---

[18] Rahmani C, 1982 : La croissance urbaine en Algérie, coût de l'urbanisation et politique foncière, Ed OPU, Alger, 317p.

qu'il revêt dans la vie d'une société. Le terme « urbanisme », apparu peu avant la première guerre mondiale s'est généralisé à la suite de la reconstruction des régions dévastées.

Qualifié de science sociale, l'urbanisme doit sa naissance à la nécessité de discipliner des transformations complexes nées de la grande poussée démographique européenne du XIX° siècle, conjuguée avec le développement du machisme qui a pour conséquence le changement de rapports de l'espace et du temps, du sol et du sous - sol. Il s'ensuivit, alors, une modification de la répartition territoriale des groupes sociaux qui fût la cause d'une hyper - concentration démographique en certains lieux de l'espace (régions, villes....).

Donc science sociale, l'urbanisme pose des problèmes multiples, notamment :
- Problèmes d'hygiène et de confort ;
- Problèmes de circulation ;
- Problèmes socio-économiques ;
- Problèmes intellectuels et spirituels ;
- Problèmes d'esthétique.

I.2.1.2. Aperçu succinct sur la situation générale post - indépendance de l'urbanisme en Algérie.

Malgré son étendue, l'Algérie dont le territoire est soit désertique, soit montagneux, avec de grandes variations dans la structure géologique, manque d'une façon générale de terrains à bâtir.

Parmi les problèmes appréhendés dès l'année 1964 par les pouvoirs publics à travers la « Charte d'Alger » (avril 1964 – « plate-forme de la politique et de la stratégie globale de l'Etat ») est celui d'une urbanisation désordonnée à la suite d'une expansion urbaine guidée par la reconstruction des infrastructures et autres démolies durant la guerre, qui pouvait « résulter d'une politique de l'habitat non canalisée et non organisée ».[19]

C'est l'un des motifs pour lequel les autorités supérieures de l'époque avaient insisté sur la « nécessité de ne pas sacrifier l'avenir au présent et d'insérer les travaux dans un plan d'urgence »[20] et de subordonner l'application d'une politique de l'habitat par la mise en place des équipements d'infrastructures (eau, égouts, assainissement…) et des équipements résidentiels utiles (places de marchés, bâtiments scolaires, salles collectives, foyers, centres de soins médicaux…)

Par ailleurs, dans la Charte Nationale de l'année 1986, il est reconnu que « l'extension de grandes agglomérations et leur forte croissance ont entraîné une consommation abusive des terres de haute valeur agricole ». « Ce dangereux processus s'est développé à un rythme accéléré ». Il est également souligné que « le développement incontrôlé, voire anarchique des grandes agglomérations engendre des coûts économiques très élevés ».

La rareté des terrains à urbaniser, l'ampleur des consommations enregistrées jusqu'à ce jour, ont provoqué une

---

[19] Charte d'Alger, avril 1964.
[20] Charte d'Alger, avril 1964.

tension très poussée sur le foncier. Pendant ces dernières décennies, le développement urbain a abouti à une expansion considérable qui a vu l'apparition de Z.H.U.N, (Zones d'Habitations Urbaines Nouvelles) accompagnées, à partir de l'année 1988 d'une autre urbanisation sous forme de lotissements. Ni planifiée, ni organisée, ni « surveillée », cette croissance s'est faite sous forme de quartiers ou d'agglomérations illicites spontanés (ex : cité Benchergui à Constantine).

Les extensions urbaines ainsi réalisées n'ont pas abouti aux résultats attendus mais ont eu au contraire des effets négatifs :
- Toutes les opérations ont été réalisées en périphérie urbaine sur les terres agricoles ou à vocation agricole (ex : la cité Boussouf à Constantine). Même les terrains marécageux n'ont pas été épargnés (Bordj – El – Kiffan, Meftah…) ;
- Les nouvelles extensions n'ont pas été intégrées aux tissus urbains existants.

Dépourvues d'équipements d'accompagnement ou d'aménagement, les zones d'habitation créées dont la qualité du cadre bâti est souvent médiocre, constituent de véritables cités dortoirs.

Le texte pris conformément à l'orientation édictée par la « Charte Nationale », à savoir la loi n°87-03 du 27 janvier 1987 relative à l'aménagement du territoire, abrogée par la suite par la loi n°90-29 du 1er décembre 1990 (prise à l'effet de renforcer les textes sur l'urbanisation), n'a pas obtenu l'effet escompté.

Conformément à l'article 11 de la loi n°90-29 sus-citée relative à l'aménagement et l'urbanisme, «les instruments d'aménagement et d'urbanisme fixent les orientations fondamentales d'aménagement des territoires intéressés et déterminent les prévisions et les règles d'urbanisme. Ils définissent plus particulièrement les conditions permettant, d'une part de rationaliser l'utilisation de l'espace, de préserver les activités agricoles, de protéger les périmètres sensibles, les sites et les paysages ; d'autre part de prévoir les terrains réservés aux activités économiques et d'intérêt général et aux constructions pour la satisfaction des besoins présents et futurs en matière d'équipements collectifs et de services, d'activités et de logements. Ils définissent également les conditions d'aménagement et de construction en prévention des risques naturels».

Cependant, devant le laxisme observé par les services chargés du contrôle, les règles édictées par les textes sus-cités pour protéger l'espace et pour organiser la production du sol urbanisable, la formation et la transformation du bâti dans le cadre de la gestion économe des sols sont très souvent bafouées.

Ainsi, l'on assiste à des infractions dont les conséquences sont néfastes : durant les années 1990, la plaine de la Mitidja a été rognée par le béton ; des lots entiers sont déboisés et plus rien ne retient la terre ; des arpents de forêts ont été livrés à l'urbanisation en dépit de la réglementation ; l'apparition d'une forme d'urbanisation qui s'est traduite par des constructions sur des gazoducs (ex : la cité Boussouf à Constantine où résident plusieurs milliers de personnes est érigée sur un gazoduc). D'ailleurs,

Monsieur le Ministre de l'Energie et des Mines, lors de l'audition du 08 mars 2003 au C.N.E.S. a souligné que « le secteur a dû engager d'importants crédits pour construire de nouveaux gazoducs, à l'instar de celui qui doit contourner la cité Boussouf. ».[21]

Le désordre qui règne dans l'urbanisme est indescriptible et tout un chacun peut observer et les manquements à la législation en vigueur et les dégâts occasionnés : paysage dans certaines zones complètement défigurés, terres agricoles envahies par le béton, normes de constructions non respectées …..

En définitive, aucun souci du respect des normes urbanistiques et de l'esthétique architecturale n'est affiché, bien que la responsabilité de la commune soit entièrement engagée. L'article 91 de la loi n°90-08 du 07 avril 1990 portant code communal stipule que « la commune s'assure du respect des affectations des sols et des règles de leur utilisation et veille au contrôle permanent de la conformité des opérations de construction dans les conditions fixées par les lois et règlements en vigueur ».

Remettre donc de l'ordre dans ce secteur n'est pas une sinécure. L'implication de tous pour mettre un terme à une situation aussi confuse est une nécessité absolue.

I.2.2 .Population

I.2.2.1.Répartition géographique de la population

Quoique très vaste, l'Algérie, si l'on considère les caractéristiques qui la composent, ne dispose que d'une bande

---

[21] CNES, 2003 : Projet de rapport : L'urbanisation et les risques naturels : inquiétudes actuelles et futures.

assez étroite, située au Nord, qui abrite la plus grande majorité de la population dont l'effectif global s'élève à 29 272 343 personnes, soit un taux annuel moyen d'accroissement de 2,28% pour la période 1987/1998, alors que celui-ci était de 3,06% (période 1977/1987) et de 3,21% (période 1966/1977. R.G.P.H. 1998).

Le recensement de 1998 fait également apparaître la situation suivante :
- 11 000 000 d'habitants résident dans la région dite littoral ;
- 15 300 000 habitants résident dans la région dite Tell et Steppe (limite Nord de l'Atlas saharien) ;
- 2 800 000 habitants occupent la partie la plus vaste du territoire qu'est le Sud ou le Sahara.

La forte concentration enregistrée dans les régions du Nord est motivée par les conditions climatiques plus clémentes qu'au Sahara, et par les disponibilités et les commodités qu'elles offrent.

Il est également utile de souligner que le nombre d'habitants de la région Nord recensés en 1998, soit 26 300 000 personnes, dépasse l'ensemble de la population de l'année 1987. La bande littorale à elle seule concentre un effectif de 11 000 000 d'habitants.

Tableau n°2 : Répartition de la population dans le nord.

			Année	Population globale
	Population globale	29 272 343	1886	3 720 000
			11906	4 720 000
	Population Nord intérieur (du littoral à la limite nord de l'Atlas Saharien)	26 300 000	1926	5 444 361
Année			1948	7 787 091
1998			1954	8 614 704
	Population du littoral	11 000 000	1966	12 022 000
			1977	16 948 000
			1987	23 038 942

Source : O.N.S 1987.

Cette répartition déséquilibrée de la population constitue un lourd fardeau auquel doit faire face l'Algérie tout entière et en particulier cette région du Nord du Sahara qui est la seule à disposer des terres agricoles les plus fertiles. Si des corrections ne sont pas apportées et si des solutions ne sont pas envisagées dans la politique d'aménagement du territoire, la région la plus fertile du pays où le béton est en train de prendre le dessus verra son avenir et celui de sa population hypothéqués.

I.2.2.2. Population agglomérée et population éparse

La dispersion de la population qui a atteint 81,37% en 1998 a connu une nette croissance depuis le recensement de 1966 ; ainsi la part de la population agglomérée est passée à 56,10% en 1966, à 61,20% en 1977, à 70,82% en 1987 et 81,37 en 1998.

Le nombre d'agglomérations s'est nettement accru de 1966 à 1998 : de 1787 en 1966, il est passé à 4055 en 1998, soit une augmentation de 2268 nouvelles agglomérations dont 567 de 1987 à 1998.

Par strate celles de 50 000 à moins de 100 000 habitants et les plus de 100 000 habitants ont accusé une nette augmentation entre 1966 et 1998 : respectivement de 10 et 4 en 1966 pour atteindre le nombre de 51 et 30 en 1998.

*Pour les agglomérations de plus de 100 000 habitants, on rappelle qu'il ne faut pas confondre les agglomérations définies selon le découpage administratif qui sont au nombre de trente (30) avec les agglomérations urbaines qui peuvent être composées de plusieurs agglomérations intercommunales (Alger, Oran,…) et qui sont au nombre de trente-deux (32).[22]

I.2.2.3. Evolution de la population urbaine et rurale

Les estimations établies lors du recensement de l'année 1886, soit 56 ans après l'arrivée des français attestent que l'Algérie avait une large tradition urbaine. Aux recensements de 1936, 1948 et 1954, la population urbaine comprenait celle de 46 communes dites de « plein exercice réparties autour des trois métropoles : Alger (17), Oran (16), Constantine (13).

Tableau n°8 : Evolution de la population urbaine et rurale 1886/1998.

Années	Population			% population urbaine
	Urbaine	Rurale	Totale	
1886	523 431	3 228 606	3 752 037	13,9
1906	783 090	3 937 884	4 720 974	16,6
1926	1 100 143	4 344 218	5 444 361	20,1
1931	1 247 731	4 654 288	5 902 019	21,1
1936	1 431 513	5 078 125	6 509 638	22
1948	1 838 152	5 948 939	7 787 091	23,6
1954	2 157 938	6 456 766	8 614 704	25
1966	3 778 482	8 243 518	1 202 200	31,4
1977	6 686 785	10 261 215	16 948 000	40
1987	11 444 249	11 594 693	23 038 942	49,7
1998	16 966 937	12 133 916	29 100 863	58,3

Source : R.G.P.H., 1998

---

[22] O.N.S. : R.G.P.H. 1998.

On remarque la nette évolution de la population urbaine de 1966 à 1998. Quant à la population rurale, elle n'a pas cessé de régresser, passant de 68,6% en 1966, à 50,3% en 1987 pour atteindre 41,7% en 1998.

Contrairement à la progression lente qu'enregistre la population rurale, la population urbaine continue à connaître un accroissement important.

La croissance urbaine au R.G.P.H de 1998 comparée à celle de 1987, montre un accroissement en valeur absolue de 5 522 688 habitants, soit plus de 30% de la valeur relative en l'espace de onze ans. Par contre, en valeur absolue la population rurale n'a augmenté que de 539 233 habitants, soit un rythme moyen annuel de 0,41% depuis 1987.

L'étude sur la période 1987/1998 dans le n°97 du R.G.P.H. de l'année 1998 (p48) relative à la croissance enregistrée permet de dégager deux remarques :
- A la prépondérance des grandes villes du littoral a succédé un rééquilibrage au profit des villes de l'intérieur et du sud et qui concerne surtout les petites villes ;
- Le ralentissement de la croissance des grands pôles littoraux est souligné par leurs taux d'accroissement tous inférieurs à la moyenne urbaine nationale (3,57% contre 5,46% durant la période 1977/1987) et même inférieurs au croît naturel (2,16%) pour les métropoles : Alger (0,36%), Oran (0,48%), Annaba (1,28%), Constantine (0,48%).

L'autre forme de croissance est liée au développement du réseau urbain qui s'est enrichi de 155 agglomérations nouvelles ou au gonflement quelquefois démesuré de certaines agglomérations de l'intérieur ou du Sud du pays comme Djelfa ou encore Tamanrasset qui passe de 12 712 habitants en 1987 à 65 397, soit cinq fois plus dû principalement à un phénomène de conurbation (ou juxtaposition d'agglomérations) avec une dizaine d'agglomérations, Ouargla et Touggourt qui gagnent respectivement 51 600 et 43 338 habitants en onze ans.

En conclusion, on peut affirmer que les effets de la guerre, les déplacements massifs des populations, la politique d'expropriation poursuivie par le pays colonisateur sont à l'origine de l'accélération de l'urbanisation de l'Algérie. Déjà dans la Charte Nationale de l'année 1986, (dans la crainte de constater en Algérie la naissance d'agglomérations difficiles à contrôler), il est stipulé que « les ensembles urbains gigantesques favorisent la dislocation du tissu social générateur de déséquilibres et de déchirements tant individuels. De plus, ces ensembles urbains ne trouvent pas de justification économique, dans la mesure où leur réalisation, leur entretien et leur gestion exigent la mobilisation de sommes énormes dont le poids doit être supporté par toute la nation. ».

I.2.2.4. Urbanisation et flux migratoire

La Charte Nationale est sans équivoque en ce qui concerne l'exode rural : « Ces mouvements (exode rural) engendrent le développement d'immenses métropoles où les problèmes économiques et sociaux prennent des aspects dramatiques ».

Des chercheurs avertis et imprégnés des problèmes que vit l'Algérie (ou a vécu) ont montré quelques constantes de ce croît urbain dû à l'exode rural qui l'a affecté. Les ruraux délaissent leurs terres pour s'installer à proximité des villes dans un état de précarité extrême. Ce déracinement était guidé par la recherche d'un emploi stable et plus lucratif que ne pouvait assurer la terre. Avant l'implantation des établissements scolaires dans les régions les plus reculées du pays, la scolarisation des enfants était également un facteur majeur dans l'abandon de la campagne et l'installation à la périphérie de la ville qui est devenue en quelques sortes une agglomération de « néo – citadins ».

L'absence d'une couverture sanitaire dans les campagnes est également le fruit du croît naturel urbain. Le peu de performance dont a fait montre le secteur agricole et l'édification d'une chaîne industrielle, (source d'emplois), ont encouragé les départs vers les villes.

Cependant, les recensements de 1966 et de 1977 mettent en évidence un ralentissement des migrations vers les métropoles du littoral. Comme il a été traité précédemment, le flux migratoire ne date pas de la période post – indépendance. Il a des racines beaucoup plus lointaines dont les effets sont néfastes sur la vie d'une société.

Les guerres ont un impact très important sur la ville qui devient le réceptacle des ruraux. Avec la politique de répression poursuivie par les forces d'occupation durant la période 1954/1962, on estime qu'un rural sur deux a été contraint de quitter sa campagne. Environ 2,1 millions de ruraux, en majorité des jeunes issus de la paysannerie pauvre sont venus, entre 1954 et 1964, « par cohortes entières » grossir les rangs des démunis et des classes populaires entassées dans les villes.

A l'indépendance, très peu de ruraux ont regagné leurs domiciles, la majorité ayant préféré s'installer dans les centres urbains, « au point où l'on a pu parler de rurbanisation de l'habitat, du mode d'organisation et du mode de vie ». Avec le départ des Européens et la réinstallation d'une partie importante de cette population (Réfugiés dans les pays voisins, zones interdites, cités de regroupement et de recasement, etc.), les agglomérations qui l'ont accueillie, se sont relativement agrandies sans que le support économique ou les structures d'accueil n'aient évolué. Les chercheurs ont estimé que, selon les villes, la proportion de néo-citadins était comprise entre 40 % et 70 %. La part du croît migratoire par rapport au croît global représente pour les périodes suivantes :
- 1954 - 1966 : 73% ;
- 1966 - 1977 : 21% ;
- 1977 - 1987 : 31%.[23]

« La guerre a surtout déclenché un formidable brassage qui s'est prolongé jusqu'en 1966, densifiant tel village, multipliant les habitats précaires et illégaux sur les terres de l'autogestion, aboutissant à la création de véritables hameaux très denses à proximité des grandes

---

[23] Cote M, 1993 : L'urbanisation en Algérie : Idées reçues et réalités, travaux de l'institut de géographie de Reins, n°85-86, pp59-72.

villes, vidant au contraire des régions entières, déclenchant toujours un vaste transfert vers les villes. ».[24]

Un fait marquant et d'actualité mérite aussi d'être signalé. La crise sécuritaire qui sévit en Algérie depuis une décennie est aussi la cause d'un déferlement de ruraux vers la ville. Pour fuir le terrorisme, les habitants de douars entiers se réfugient en bordure des agglomérations, dans des conditions souvent dramatiques.

Le chômage est également un facteur déterminant dans l'exode rural. En effet, la seule solution qui s'offre aux ruraux sans emploi est de migrer vers la ville.

D'une manière générale, la migration campagnarde qui s'est principalement effectuée au profit des centres urbains, a provoqué un déséquilibre accentué entre les zones de l'intérieur et celles du littoral et les grandes agglomérations de l'intérieur qui sont le lieu de prédilection des 'déracinés'. L'exode rural est de ce fait un facteur qui contribue au déséquilibre de l'espace et joue un rôle prépondérant dans l'évolution des villes qui voient proliférer des bidonvilles dans leurs périphéries.

> « Les processus qui les engendrent (bidonvilles) sont appréhendés à travers la logique du sous – développement qui caractérise certains pays et qui se traduit par une importante croissance démographique des villes, une concentration des hommes et des

---

[24] Trois JF, 1987, Le Maghreb, Hommes et Espaces, Ed Armand Colin, 367p.

activités (phénomène de macrocéphalie) et un processus migratoire important entre les villes et les campagnes. ».[25]

I.2.2.5. Urbanisation et démographie – (natalité)

Mais il ne faut pas oublier, parallèlement à ce qui vient d'être développé, un facteur essentiel dans le croît naturel de la population : celui de la montée des effectifs ou de l'évolution démographique du pays.

En 1830, l'Algérie avait une population de 3 000 000 d'habitants. Les différents recensements effectués par la suite et les différentes estimations ont donné les résultats suivants :

Tableau n°9 : Evolution de la population algérienne depuis 1830.

Année	Population globale	Croît (par rapport au recensement précédent)
1830	3 000 000	
1886	3 752 037	720 000
1906	4 720 974	1 000 974
1926	5 444 361	723 387
1931	5 902 019	454 658
1936	6 509 638	1 065 277
1948	7 787 091	1 277 453
1954	8 614 704	827 613
1966	12 022 000	3 407 296
1977	16 948 000	4 926 000
1987	23 038 942	6 090 942
1998	29 272 383	6 233 441

Source l'auteur.

On constate, d'après ces chiffres que « l'évolution a été chaotique » jusqu'en 1954. « La conquête militaire et la désorganisation sociale s'étaient traduites par les hécatombes qui ont fait régresser quelque peu l'effectif global. Au point que les

---

[25] Hafiane A, 1989 : Les défis a l'urbanisme, l'exemple de l'habitat illégal à Constantine, Ed OPU, Alger, 290p.

pouvoirs publics et les colons ont craint un moment donné que la population algérienne n'aille vers son déclin démographique et qu'ils ne manquent de main d'œuvre. Ce n'est que dans les années 1880 qu'elle a retrouvé le niveau de 1830. ».[26]

Cette constatation est confirmée par le tableau sus-cité :
- La faible augmentation des effectifs qui n'ont enregistré que 752 037 âmes supplémentaires entre 1830 et 1886, soit 56 ans après ;
- Une nette régression entre les années 1906 et 1936.
 « Toutes les études soulignent le niveau très élevé de la natalité en Algérie. Il semble qu'il y ait même en milieu urbain, une très faible limitation des naissances. ».[27]

Pendant plus de 30 ans, la natalité a atteint des proportions qui sont parmi les plus fortes au monde. Les taux moyens enregistrés depuis le recensement de l'année 1966 montrent toutefois, un ralentissement dans le rythme d'accroissement : 3,21% durant la période 1966/1977, 3,08% durant la période 1977/1987 et 2,16% au cours de la période 1987/1998.

Au 1er janvier 2001 la population algérienne a atteint 30 610 000 habitants. Si l'effectif est en augmentation par rapport au recensement de l'année 1998, l'écart entre les naissances vivantes et les décès présente une tendance décroissante.

L'examen du mouvement naturel de la population durant la décennie 1990/1999 révèle une baisse de l'excédent naturel. On

---

[26] Cote M, 1996 : L'Algérie, Ed Masson/ Armand colin, France, 253p.

dénombre ainsi un excédent de 624 000 habitants en 1990 soit un accroissement de 24,94 pour mille habitants. Ce taux d'accroissement va accuser une baisse pour atteindre 14,60 pour mille habitants. C'est la fin de la démographie galopante.

Depuis l'année 1993, le taux brut de natalité est descendu sous la barre de 30 pour mille habitants, allant de 28,22 naissances pour mille habitants pour atteindre 20,21 pour mille en 1999, alors que la mortalité s'est stabilisée au voisinage de 6,1 décès pour mille habitants.

I.2.2.6. Urbanisation et industrialisation

Paradoxalement, « l'industrie source de prospérité à été source de déséquilibre » :
- Déséquilibre du secteur agricole ;
- Déséquilibre de l'urbain.

L'industrialisation mise progressivement en place durant les années 1960/1970 a provoqué des 'affrontements' entre le milieu rural et le milieu industriel et à travers ce dernier l'urbain.

Cette concurrence entre la campagne (donc l'agriculture) et l'urbain (donc l'industrie) est justifiée essentiellement par la faible performance de l'agriculture et l'absence de certaines structures vitales susceptibles de fixer les paysans sur les terres. Deux types d'industrialisation sont apparus :

---

[27] Bardinet C, Problèmes démographiques de l'urbanisation en Algérie dans la période 1962/1972, URBAMA, Tours.

- Les implantations industrielles dans les tissus urbains : héritées pour la plupart du passé et notamment de la période coloniale, leur intégration dans le tissu urbain ne présente pas de caractères particuliers. L'industrie se localise dans les quartiers périphériques où s'embriquent très étroitement les bâtiments industriels, locaux artisanaux et immeubles d'habitations. Il s'agit en fait de petites unités dont l'activité est beaucoup plus commerciale qu'industrielle et n'emploient qu'un minimum de travailleurs (une vingtaine) ;
- Les nouvelles implantations hors du tissu urbain : il s'agit là des unités industrielles de grande envergure qui avaient pour objectif de contribuer à une politique d'équilibre régional entreprise par l'Etat qui, pour mener à terme le programme tracé, a décidé d'installer franchement sur des terres agricoles des zones industrielles en dehors du périmètre urbain (distance moyenne 15km d'un centre urbain).

« L'industrialisation induit ainsi de nouvelles périphéries urbaines, mode de croissance en rupture avec le mode de croissance de l'espace colonial. ».[28]

« Actuellement et depuis les années 1970 l'espace urbain s'accroît au contraire dans l'ensemble par l'édification sur sa périphérie géographique d'ensembles d'habitat, de services et

---

[28] Prenant A, Semmoud B, 1978 : Les nouvelles périphéries urbaines en Algérie : une rupture avec les oppositions traditionnelles, centre-périphéries, E.R.A 706, n°3, pp25-65.

d'industries en rupture avec toutes les structures urbaines héritées. ».[29]

Le besoin de main d'œuvre pour faire fonctionner ces unités, a été lui aussi à l'origine d'un flux migratoire de la campagne vers la ville, la terre, malgré la mise en application de l'ordonnance portant 'Révolution Agraire' (qui a très légèrement limité l'exode rural sans toutefois parvenir au résultat souhaité) n'a pas été en mesure de fixer les paysans et de freiner les départs. Les salaires alléchants proposés dans l'industrie et l'attirance de la ville sont des facteurs déterminants pour déraciner les paysans.

Cependant, cette industrialisation menée tambour battant, n'a pas été suivie d'un programme d'habitat destiné aux travailleurs qui pour se loger construisaient des abris de fortune. On assista ainsi a :
- La multiplication autour des ensembles industriels, des formes d'habitat précaire et anarchique ;
- A l'occupation des exploitations agricoles par les non agricoles mettant ainsi en difficulté ces exploitations pour loger les nouveaux travailleurs ;
- A des migrations quotidiennes de travail qui concernaient une bonne partie des travailleurs pour lesquels certaines sociétés assuraient le ramassage.

Donc, l'industrie à laquelle la préférence a été donnée et l'agriculture, deux secteurs vitaux au lieu d'être complémentaires,

---

[29] Mutin G, 1984 : Industrialisation et urbanisation en Algérie, URBAMA, Tours,

ont suivi séparément leur chemin; 'sacrifiée', désorganisée, l'agriculture qui se caractérise par les rendements très faibles des productions vivrières, n'a pas résisté au boom industriel.

---

pp87-113.

Conclusion

De tout ce qui précède, il est possible d'affirmer que la population algérienne et en particulier la population urbaine, s'accroît d'année en année. Sa concentration dans le nord du pays aggrave le déséquilibre ainsi accusé et risque de porter une atteinte sérieuse à l'espace agricole du nord où la prolifération du béton est un signe précurseur à la disparition d'une grande partie des terres fertiles.

Par ailleurs, la saturation des grandes villes et en particulier des grandes métropoles incite les néo – citadins à s'installer à la périphérie des grandes villes, périphérie qui n'est ni équipée, ni préparée aussi bien sur le plan de l'urbanisme que sur tout autre plan.

Ainsi, l'espace urbain algérien vit actuellement une crise qui est la conséquence des « années 1970 qui ont vu apparaître une forme d'urbanisation périphérique qui se caractérise par le fait qu'elle ne respecte pas les règles dictées par la législation et la réglementation en vigueur. Ces années ont vu la multiplication, à un rythme assez impressionnant, de constructions d'un nouveau type, bien que regroupées elles aussi en lotissements et constituant souvent de vastes quartiers, voire même des sortes de villes nouvelles qui permettent l'accès au logement – très majoritairement en propriété, accessoirement en location – à des populations nombreuse qui ressortissent dans des proportions variables, aux catégories sociales pauvres, transitionnelles inférieures ou moyennes. ».[30]

---

[30] Signoles P, 1999 : Acteurs publics et acteurs privés dans le développement des villes du Monde arabe, Ed CNRS, pp 19-53.

Les villes sont devenues la concentration de maux d'une ampleur telle que leur gestion est devenue extrêmement difficile voire impossible : chômage, crise économique, bidonvillisation, urbanisation anarchique, surdensification des logements, migrations interurbaines, croissance urbaine mal contrôlée, tous des facteurs négatifs aggravés par la crise sécuritaire qui sévit.

L'ignorance totale des règles les plus élémentaires de l'urbanisme ont fait réagir la SONELGAZ (société chargée de la distribution de l'électricité et du gaz) qui a tiré 'la sonnette d'alarme'. Cette urbanisation qualifiée de 'sauvage' par celle-ci a tôt fait de laisser place à une anarchie urbaine qui défie toutes les limites de l'entendement. Les constructions réalisées durant les années 1990 présentent des anomalies entièrement dangereuses. Cela va des pylônes électriques encastrés à l'intérieur même des constructions jusqu'aux fils de hautes tensions incrustés à même les toitures. Les lignes de passage électrique se voient carrément squattées au grand jour. « Le caractère quasi fantaisiste des constructions au mépris des paramètres élémentaires de sécurité, cause régulièrement des morts des jeunes par électrocution. Cela s'est produit à Bab Ezzouar, Bologhine et Kouba ».[31]

Elles souffrent également de « défaillance au plan d'urbanisme et de l'architecture, car elles ne cessent de se développer de manière fragmentée et sans aucune référence à l'héritage urbain existant. ».[32]

---

[31] Le Quotidien LIBERTE.
[32] Chaouch BM, p123.

I.2.3.Habitat

« Si le premier souci d'une population est de se nourrir, le second est de se loger. » écrit SP Thierry ;

Avant la guerre de libération les besoins annuels de l'Algérie en matière de logements nouveaux étaient estimés à 80 000 unités. Or, le rythme de constructions ne pouvait jamais atteindre ce nombre, si l'on considère les réalisations durant les trois années suivantes :
- 1954 : 12 000 logements ;
- 1955 : 13 000 logements ;
- 1958 : 18 000 logements.

Parmi les promesses faites par le Général De Gaulle dans son discours du 30 octobre 1958 à Constantine, à travers lequel il a dévoilé les grandes lignes du plan quinquennal ou appelé communément "Plan de Constantine", figure celle de la réalisation de 200 000 logements destinés à loger 1 000 000 de personnes. Ce qui veut dire qu'il est nécessaire de livrer chaque année 40 000 logements et ce durant tout le plan quinquennal. Or, les maisons de 2 000 000 de personnes déplacées à la suite de bombardements et de ratissages ont été systématiquement détruites par l'armée française, si bien que le nombre prévu par le plan sus-cité était tout à fait dérisoire et bien en deçà des besoins réels du fait qu'il ne pouvait guère remplacer les logements détruits auxquels il aurait fallu ajouter les habitats précaires, les bidonvilles, etc.

« Au lendemain de l'indépendance, l'Algérie avait hérité d'une situation socio – économique déplorable. La situation du logement, déjà alarmante, ne pouvait pas être une préoccupation majeure, ni pour les dirigeants confrontés aux problèmes de la recherche d'une stabilité politique, ni par sa population accablée par ses problèmes de subsistance. ».[33]

La politique de l'habitat est certainement le maillon le plus faible de la politique sociale aux premières années de l'indépendance. Le départ des européens au lendemain de l'indépendance, dont les logements ont été occupés par des algériens, a desserré la tension sur le marché immobilier mais pour peu de temps, étant donné l'intensité de l'accroissement démographique et l'ampleur des flux migratoires qui se sont orientés vers les agglomérations urbaines.

Préoccupées par les problèmes d'autres secteurs considérés prioritaires, les autorités, lors de l'élaboration des deux premiers plans quadriennaux (part allouée 5,4% dans le premier plan, 7,5% au second plan) n'avaient pas accordé l'importance que revêtait l'habitat dans la vie des populations ; celui – ci était « considéré jusqu'en 1975 comme secteur non prioritaire, le logement ne va pas bénéficier d'un effort financier conséquent, malgré la dégradation continue des conditions d'habitat. ».[34]

En 1966, la population qui était estimée à 12 096 374 habitants disposait d'un parc logements de 1 900 000 dont 184 984 précaires. Les bidonvilles représentaient à eux seuls 25% de l'ensemble de l'effectif. Le taux d'occupation du logement qui est de 6,1 à cette date démontre pleinement l'ampleur de la crise,

---

[33] Bouhaba M, p52.

sachant que le plus grand nombre d'habitations était construit avant 1962 et même avant 1954.

Jusqu'à cette date, à peine 24 000 logements au total ont été réalisés à partir de 1962. La crise va en s'amplifiant, (l'industrialisation étant aussi un facteur qui amplifie les difficultés en raison de l'implantation quasi systématique des usines hors du tissu urbain. « Selon une étude du Ministère de l'habitat et de la construction, il (dixit le déficit) est de l'ordre de 1 200 000 logements dont 600 000 dans les villes, sans compter les logements en dur et les bidonvilles à rénover. ».[35]

Ce n'est qu'à partir des années 1970 qu'une légère éclaircie vint se pointer à l'horizon : la période s'étendant de 1967 à 1978 vit la réalisation de 138 535 logements. Très faible pour satisfaire une demande très forte mais qui semblait vouloir donner une dynamique nouvelle à ce secteur.

C'est ainsi qu'à partir de 1975, l'Etat inscrit dans sa démarche la réalisation d'un vaste programme de logements destinés à répondre à la pénurie qui concerne essentiellement les catégories sociales à revenu limité qui, en définitive, représentaient la majorité de la population. Il s'est engagé à prendre en charge, intégralement, le financement et la réalisation des logements : «se voulant le promoteur unique et exclusif, l'Etat a investi mécaniquement dans la réalisation directe de logements d'une part,

---

[34] Ministère de l'équipement et de l'aménagement du territoire, 1995 : L'Etat du territoire, la reconquête du territoire, Ed OPU, Alger.
[35] Brûlé JC, Mutin G, Vers un Maghreb des villes en l'an 2000, In Maghreb Machrek n°96 pp5-65.

et sans mettre en place une politique de stabilisation des populations des campagnes, d'autre part. »[36]. La production annuelle de logements s'est accrue sans pourtant être suffisamment ample.

Pour répondre aux besoins grandissants des populations l'Etat conçut des outils spécifiques pour ses grands projets dont le principal est la circulaire ministérielle du 19 février 1975 qui a pour objectif la réalisation de Z.H.U.N. (zones d'habitat urbaines nouvelles) dont le principe « est de concevoir logements et équipements dans un ensemble intégré. Lorsqu'une tranche de 1000 logements est programmée et localisée, elle donne lieu à la création de Z.H.U.N. De ce fait, dès que l'Etat eut cessé de lancer de tels programmes, la procédure Z.H.U.N. est tombée en désuétude. ».[37]

Malheureusement, ces cités construites à la périphérie des villes n'eurent pas l'effet escompté, les équipements et les espaces verts et autres commodités n'ayant pas suivi, transformant ainsi ces grands ensembles en de simples cités dortoirs. D'autre part, les objectifs assignés pour endiguer le flot de demandes étaient loin d'être atteints.

La comparaison effectuée à partir de 1962 jusqu'en 1987, donne la situation qu'illustre le tableau suivant :

---

[36] Ministère de l'équipement et de l'aménagement, Idem.
[37] Sidi Boumedine R, 1986 : Planification et aménagement, contribution à un débat interne sur la question des plans d'aménagement, Ed URAT, Alger, 41p.

Tableau 1n°10: Réalisations de 1962 à 1984 et de 1985 à 1987.

secteur	Période où année						Année			
	1962/1966	1967/1978	1979	1980	1984	Total	1985	1986	1987	Total
Public	24 000	135 535	24 267	36 300	72 700	292 802	68 800	88 500	67 900	22 520
Privé Autoconstruction	-	-	-	20 000	30 000	50 000	30 000	30 000	30 000	90 000
Total	24 000	135 535	24 267	56 300	10 270	342 802	98 800	11 850	97 900	31 520

Source : Khelladi M, p162.

Les importants supports financiers consacrés au logement démontrent que la production de 1985 à 1987 représente près de l'équivalent de celle de la période s'étendant de 1962 à 1984, soit 22 ans après l'indépendance. Même si cet effort peut être 'louable', il n'est pas parvenu à atténuer la forte tension.

Au cours des années 1990/1991, de 30 000 à 35 000 logements ont été livrés. « La crise budgétaire a freiné davantage encore le lancement de nouveaux programmes de logement social. La crise en milieu urbain est profonde et alimente une marginalisation qui fonde avec d'autres causes. ».[38]

Monsieur Chaouch Teyara Chérif dans son magister intitulé « défi et moyen de la promotion immobilière en Algérie, étude de cas d'exemples à Constantine p118. » donne d'excellentes indications sur le logement en 1994 :

---

[38] Benachenhou A, 1980 : Planification et développement en Algérie 1962/1980, Ed les presse de L'EN, Alger, 301p.

« Le parc logements évalué à fin 1994, à 3 640 000, dont la moitié construite avant, d'où sa vétusté. Sont compris dans le parc total :

- 400 000 logements précaires dont 120 000 unités de type 'bidonvilles' ;
- 800 000 logements en état de dégradation avancé ;

Des taux d'occupation par logement à fin 1994 traduisent une grande disparité :

- 6 500 000 personnes occupent 1 637 000 logements soit un T.O.L de 4 ;
- 13 000 000 personnes occupent 1 385 000 logements soit un T.O.L de 9 ;
- 8 600 000 personnes occupent 618 000 logements soit un T.O.L de 12.

De la comparaison de cette situation avec celle de l'année 1998, il ressort qu'elle a évolué favorablement, si l'on considère que le nombre de logements qui est de 5 021 974 a augmenté de 1 381 976 unités. Le nombre de constructions précaires a diminué par rapport à 1994, soit 291 859.

A cet état s'ajoutent les habitations vétustes ou en état de dégradation avancée comme les médinas. Les efforts considérables consentis et la rigueur dans les procédures d'attribution n'ont pas permis d'atténuer la tension, les scènes auxquelles tout un chacun assiste lors de l'attribution des logements confirment pleinement la pénurie qui tarde à voir le jour de la fin.

Celle-ci pourrait-elle être résorbée dans la mesure où l'on sait que si ce problème est préoccupant, il est considéré depuis quelques mois comme 'secondaire', celui de la rareté de l'eau est venu le détrôner, ce liquide si précieux, a mobilisé depuis l'année 2001 l'ensemble des décideurs pour trouver une solution dans les délais les plus courts ?

Le C.N.E.S. dans sa séance du 4 mai 1997 (J.O. n°9 du 22 février 1998) semble satisfait de la stratégie adoptée en matière d'habitat. Dans « l'avis relatif à l'avant-projet de stratégie nationale de développement économique et social » il a « noté avec intérêt les fondements de la stratégie proposée que sont :

- « la séparation des aspects économiques de la fonction productive de logement d'une part, et le caractère social de leur répartition et de leur accessibilité dont le rôle est dévolu à l'Etat, d'autre part à travers les différentes formes de solidarité qu'il développe (aides, subventions, bonification du crédit) ;
- « Les aides personnalisées et le marché locatif en tant qu'axes fondamentaux sur lesquels s'appuie cette stratégie ».

Il recommande de « considérer l'emploi et le logement comme étant au cœur du fonctionnement et de l'équilibre de la société, c'est à dire comme étant les vecteurs principaux de sortie de la crise que vit actuellement le pays ».

Par ailleurs, les livraisons reçues au 31 décembre 2000 font apparaître clairement un effort beaucoup plus soutenu en matière de logements que durant l'année 1999. En effet, supérieurs à ceux de l'année 1999, les résultats enregistrés au 31 décembre 2000 laissent supposer que les pouvoirs publics ont pris conscience de ce problème épineux auquel est confrontée une bonne partie de la population en quête de gîte.

A – Logements urbains :

1. Livraisons de logements par type de programmes (Rapport d'activité année 2000 du Ministère de l'habitat et de l'urbanisme en date du 7 mars 2001).

    * 95 579 logements urbains ont été livrés au 31 décembre 2000 ainsi répartis :
    - Logements sociaux locatifs : 60 484 au 31 décembre 2000 (soit 63,28% du total des livraisons) contre 41 984 en 1999 ;
    - Autres logements sociaux (tous types confondus) 25 534 au 31décembre 2000 (soit 26,72% du total des livraisons) contre 35 686 en 1999 ;
    - Logements promotionnels : 9561 au 31 décembre 2000 (soit 10% du total des livraisons) contre 7399 en 1999.

2. Lancements : 64 671 logements lancés durant l'année 2000 se répartissent ainsi :
    - Logements sociaux locatifs : 31 169 (soit 48,20% du total des lancements) contre 75 961 en 1999 ;
    - Autres logements sociaux : 27 412 (soit 42,38% du total des lancements) contre 33 461 en 1999 ;
    - Promotionnels : 6090 (soit 9,42% du total des lancements) contre 2856 en 1999.

Contrairement au nombre de logements livrés au 31 décembre 2000, celui des logements lancés à cette même date est inférieur à celui de l'année 1999 (12 278). Cette baisse est justifiée en partie par la notification tardive du programme de l'année 2000 (mai 2000).

B – Aides à l'habitat rural : (Rapport d'activité année 2000 du ministère de l'habitat et de l'urbanisme en date du 7 mars 2001).

Durant l'année 2000 : 34 493 aides ont été accordées au logement rural contre 39 209 durant l'année 1999.

Si l'on se réfère aux chiffres communiqués le 07 janvier 2003 au forum d'El- Moudjahid par le Ministre de l'habitat et de l'urbanisme, le bilan de l'année 2001 serait le suivant : Logements réalisés : 101 960 ainsi répartis :
- Social : 48 941 ;
- Logement social participatif : 17 099 ;
- Logement rural : 29 933 ;
- Promotionnel : 5989.

Cependant, une remarque importante mérite d'être soulignée : « les logements construits sont en complète inadéquation avec la taille de la famille Algérienne, si l'on se réfère à une étude sur la base du dépouillement du dernier recensement de la population et de l'habitat (1998). Il y est effectivement indiqué que les logements construits, sont généralement de type F3, alors que la moyenne idéale pour la famille Algérienne serait du type F4, à cause du fait que les ménages sont plutôt composés de 7 personnes. Les ménages de cette taille représentent 47% des foyers, alors que les logements de 4 pièces ne représentent qu'un taux de 29% du parc disponible.

« L'O.N.S. s'inquiète aussi de l'évolution disproportionnée des ménages à sept personnes qui s'est accrue de 6.2 points et du nombre de logements à quatre pièces qui ne connaît qu'une évolution de 2.5 points seulement. En principe ces données devraient renseigner les décideurs sur la politique à adopter en matière de logements et s'intéresser davantage au logement de grande surface ».[39]

Pour atténuer la forte pression exercée sur le logement dont le déficit s'élève à 1 000 000 d'unités auxquelles il conviendra d'ajouter 2 000 000 de logements vétustes, plusieurs formules sont proposées aux demandeurs par la réglementation en vigueur :

- Le logement social destiné aux bas salaires, aux sinistrés (bidonvilles, glissements de terrain, calamités naturelles et autres) est du ressort de l'Etat ;
- Le logement social participatif : l'acquisition d'un logement de ce type implique la participation de l'acquéreur, de l'Etat qui accorde une aide non remboursable et l'octroi d'un crédit bancaire remboursable sur 20 ans ;
- Le logement promotionnel destiné aux acquéreurs ayant les moyens. Les E.P.L.F. et la C.N.E.P. immobilier sont les principaux promoteurs de ce type de logement ;
- Le logement « location – vente » : C'est un produit initié par l'A.A.D.L. (Agence Nationale de l'Amélioration et du Développement du Logement) : la participation du bénéficiaire qui peut, après le versement de l'apport initial (soit près de 10% de la valeur globale du logement) dès le lancement du chantier l'acquérir définitivement à l'issue du règlement fixé à priori par l'A.A.D.L. C'est la formule la plus appréciée par les « sans logis » à la recherche d'un toit.

---

[39] Le Quotidien d'Oran, du 21.11.2001.

Si le même rythme de l'année 2001 est maintenu, la crise du logement sera résorbée dans une dizaine d'années au plus tard, d'autant que depuis 1990 l'une des causes essentielles de cette crise qu'est la démographie est en régression par rapport aux décennies 1970/1980.

Toutefois, la résorption de cette crise pourrait être une réalité dans la mesure où d'autres priorités viendraient à être concrétisées : la relance économique indispensable à la réalisation de tout projet et la paix à laquelle tout un chacun aspire depuis plus de dix ans.

Malheureusement, les catastrophes naturelles qui nécessitent beaucoup d'efforts pour la reconstruction, n'ont pas épargné, ces dernières années, l'Algérie :
- Inondations dans plusieurs wilayas dont Alger (10 novembre 2001) ;
- Séisme dévastateur dans le centre et le centre – Est du pays (21 mai 2003) qui a causé des dégâts considérables (des habitations, des équipements et infrastructures de base effondrés ou sérieusement endommagés).

C'est ainsi que comme première mesure d'urgence, les « logements sociaux disponibles ou en voie d'achèvement seront attribués, en priorité, aux sinistrés » (déclaration du Chef du Gouvernement le 23 mai 2003). En outre, un programme spécial pour « la reconstruction et la réhabilitation des habitations et des infrastructures sera arrêté et lancé ». Cette terrible catastrophe d'une violence extrême, qui a ravagé une bonne partie du pays ne perturberait-elle pas les différents programmes de construction ? Difficile à dire mais la tâche est immense devant l'ampleur du désastre.

DEUXIÈME PARTIE :
APERCU MONOGRAPHIQUE SUR LA COMMUNE DE CONSTANTINE ET SON GROUPEMENT

CHAPITRE 1 :
Lecture sommaire des réalités de l'espace constantinois

Avant d'entamer l'étude sur Constantine, il serait utile de la situer dans le milieu naturel dans lequel elle évolue et cela afin de mieux comprendre son évolution, les problèmes quotidiens qu'elle subit et leurs impacts sur l'urbanité.

II.1.1. L'Est algérien : sphère de rayonnement de Constantine

Trois ensembles régionaux configurent le nord de l'Algérie : l'Ouest, le Centre et l'Est. De ces trois régions se sont inspirés les occupants ottomans et français pour asseoir leur autorité par la mise en place d'un découpage administratif qui a pour effet de promouvoir au rôle de commandement trois métropoles :

- Région ouest : Oran ;
- Région centre : Alger ;
- Région est : Constantine.

Durant la période ottomane, ce découpage était conçu selon le canevas suivant :

- Beylik du Ponant correspondant à l'Algérie occidentale avec pour capitale successive Mazouna, puis Mascara et enfin Oran ;
- Beylik du Titteri pour la partie centrale commandée par Médéa ;
- Beylik du levant avec Constantine pour capitale et l'Est pour territoire. Alger et la Mitidja, de Cherchell à Dellys étaient organisées en un espace à part, Dar Es Soltane commandé directement par le Dey.

« Ce système qui avait fonctionné pendant trois siècles avait une force et une réalité spatiales suffisantes pour que la colonisation le conserve : elle l'a transposé dans les trois départements d'Oran, d'Alger et de Constantine ».[40]

D'autres découpages s'ensuivirent durant les années 1950 par les autorités françaises et surtout durant la période post-coloniale, découpages dictés par l'accroissement de la population et par des considérations politiques et économiques.

C'est ainsi que les trois métropoles qui avaient chacune sous leur influence, une région aussi vaste, finirent par voir, au fil des temps, leur espace se réduire comme une peau de chagrin.

Vaste région, l'est Algérien qui a une frontière commune avec la Tunisie, s'étend des abords de Bejaia, au nord, jusqu'au sud de Tébessa et de Batna en passant par Bordj Bou Arreridj, Sétif.

Cet ensemble dont la population est estimée à 9 690 422 habitants, soit 33% de l'effectif global du pays ne présente pas les mêmes caractéristiques que les deux autres (centre et ouest). En effet, contrairement à ces derniers, sa capitale est implantée non pas sur le littoral, celui-ci étant distant de plus de 80km, mais à l'intérieur d'où elle organise l'ensemble des flux et des réseaux. « D'autre part, la région a plus de profondeurs, les fortes densités descendant plus loin vers le Sud, les montagnes méridionales (Aurès) répondaient à celles du Nord (Tell), les agglomérations de Batna et de Tébessa faisant le pendant de celles du littoral. ».[41]

---

[40] Cote M, 1996 : L'Algérie, Ed Masson/Armand Colin, France, 253p.
[41] Cote M, Idem, p217.

D'autres points différencient cet ensemble aux deux autres régions :
- Présence européenne beaucoup moins importante ;
- Taux d'urbanisation faible (35%) entre 1954 et 1977 ;
- « L'urbanisation littoral – intérieur est moins forte. Les villes littorales n'ont connu qu'une croissance relativement faible entre 1954 et 1977, alors que les hautes plaines enregistraient des taux bien supérieurs à la moyenne nationale ; elles ont été le réceptacle de l'exode rural du Tell et de l'atlas saharien. Il est cependant sûr qu'un rééquilibrage en faveur des villes du littoral est en cours, à la faveur d'un développement industriel plus tardivement engagé. ».[42]

En effet, à Annaba, l'usine d'engrais phosphatés fonctionne depuis 1972 et le haut fourneau d'El Hadjar dont la mise à feu est intervenue dès 1969, verra sa production augmenter, à la suite des grands travaux entrepris durant la période 1974/1979, de 400 000 tonnes d'acier à 2 000 000. Skikda, devenue 'capitale' de la pétrochimie où l'exportation du gaz liquéfié a atteint 4,5 milliards de m3, est opérationnelle depuis 1976

L'industrie apparaît également dans les localités des hautes plaines. Des pôles se constituent (Guelma : cycles, Sétif : piles et accumulateurs, Constantine : la mécanique).

La promulgation de la Charte de la Révolution Agraire et son application n'eurent pas l'effet escompté pour "fixer" sur les terres

---
[42] Brûlé JC, Mutin G, Vers un Maghreb des villes en l'an 2000, In Maghreb Machrek n°96, pp5-65.

agricoles, les paysans en quête d'emplois plus alléchants et d'une situation plus attrayante.

Constantine appartient donc à cette entité qu'est l'Est algérien, structure vaste, équilibrée et hiérarchisée.

Ville millénaire, Constantine ou *Cirta,* par sa position géographique privilégiée, rayonne aussi bien sur sa wilaya que sur l'ensemble de l'Est algérien. Malheureusement, les nombreuses mutations intervenues dans son urbanisme, l'exode rural, l'ont réduit à une cité « qui n'a plus d'humain que les apparences ».[43]

II.1.2.Constantine, berceau de la civilisation de l'Algérie nord–orientale - Fig. 1-

« Constantine est l'une des plus vielles villes du monde. Toutefois la date exacte de sa fondation n'a pas été établie à ce jour ».[44]

Implantée sur un rocher escarpé qu'entoure Oued–Rhumel, la morphologie du site a prédisposé la cité d'être à la fois une acropole et un carrefour incontournable dans les échanges commerciaux.

Si l'archéologie ne nous a pas encore tout révélé sur les conditions générales et la date de la fondation de la ville de Constantine, il ne fait pas de doute que celle–ci remonte à une ère préromaine. En effet, les trouvailles de deux poteries remontant à

---

[43] Ouettar T, 1981 : Ez-Zilzel (Le Séisme), Société nationale d'édition et de diffusion, Réghaia, 175p.

l'âge de bronze de l'époque égéenne (lors de la construction du boulevard de l'Abîme–actuellement boulevard Zighoud Youcef) confirment que la cité est l'une des plus vieilles villes du monde.

---

[44] Badjadja A, 1989 : Historique de la ville de Constantine. In Constantine (Colloque Médinas Maghrébines), IAUC, pp3-6.

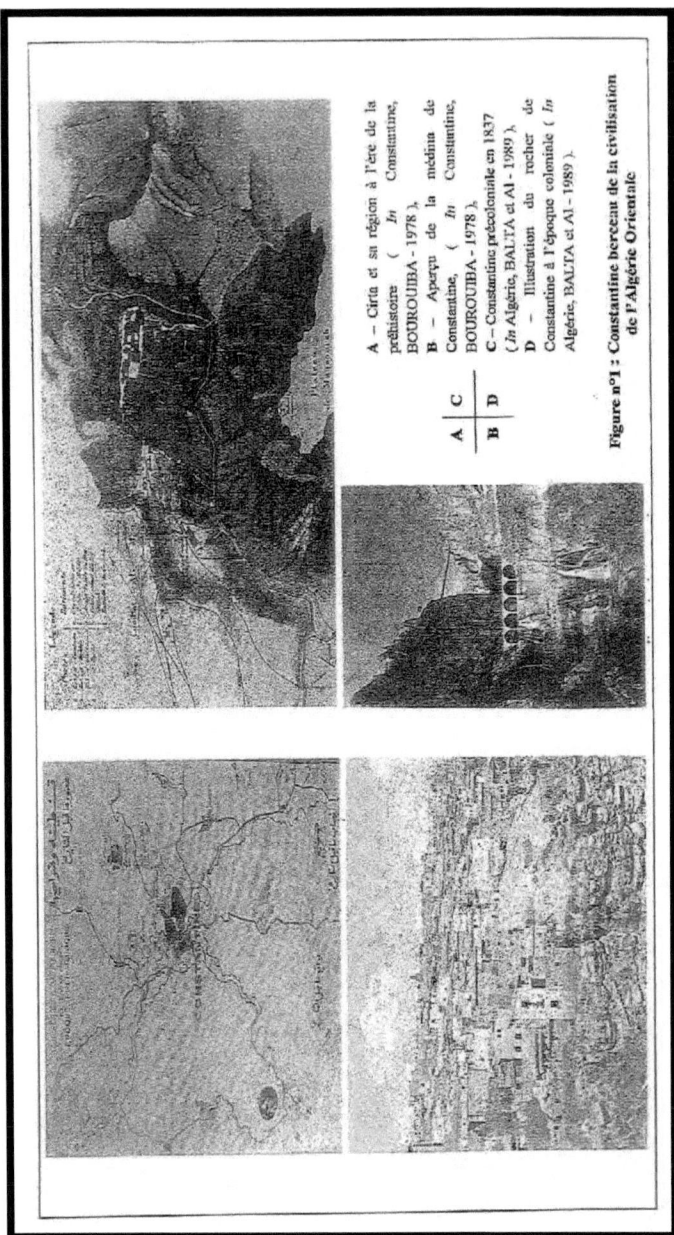

A – Cirta et sa région à l'ère de la préhistoire (*In* Constantine, BOUROUIBA - 1978).
B – Aperçu de la médina de Constantine, (*In* Constantine, BOUROUIBA - 1978).
C – Constantine précoloniale en 1837 (*In* Algérie, BALTA et AL - 1989).
D – Illustration du rocher de Constantine à l'époque coloniale (*In* Algérie, BALTA et Al - 1989).

A	C
B	D

Figure n°1 : Constantine berceau de la civilisation de l'Algérie Orientale.

Par ailleurs, dans la conférence donnée à Constantine lors du troisième congrès de la Fédération des Sociétés Savantes de l'Afrique du Nord, le directeur des antiquités de l'Algérie, Monsieur L.Leschi qui a développé le thème de «De la Capitale Numide à la Capitale Romaine » a déclaré « force est à l'historien du passé de se contenter des documents littéraires dont l'étude, je le répète, nous permet de remonter jusqu'au III ème siècle avant notre ère. ».[45]

Capitale de l'Est, elle a commémoré le 2500ème anniversaire de son existence le 6 juillet 1999.

Capitale du Royaume des Massaesyles à l'Ouest, puis de la Numidie réunifiée après la victoire, en l'an 203 avant J.C., des Massyles conduits par Massinissa sur *Syphax*, elle devint sous la domination romaine, chef-lieu des colonies cirtéénnes : Cirta (qui signifie « taillé à pic » en phénicien), Chulu (Collo), Milev (Mila), Rusicade (Skikda), Cuicul (Djemila).Détruite par *Maxence* en 311, elle est relevée par les soins de l'Empereur Constantin et prend alors le nom de Constantine.

Après un passage à vide dû essentiellement aux différentes occupations, la ville reconnaîtra un renouveau géo–économique qui se confirmera sous le règne des Hafsides au XIII ème siècle de notre ère. En matière de prospérité de la ville, El–Bekri (voyageur du XII ème siècle.) a écrit : « Constantine est habitée par diverses familles ayant fait partie des tribus établies dans le Nefzaoua et

---

[45] Lechi et Al, 1937, p22.

dans celui de Kastilia. Elle renferme des bazars bien fournis et jouit d'un commerce prospère ».

Cette dynamique économique de la ville entraînera sa promotion, sous l'occupation turque, au rang de capitale du Beylik de l'Est algérien. Cette importance régionale se confirmera, encore une fois, après sa conquête en 1837 par les Français. Elle constituera ainsi, le chef–lieu du département de l'Est algérien (98 000km^2) dans le premier remodelage administratif de l'Algérie coloniale en 1858.

A propos de la ville de Constantine, ROZET et CARETTE ont écrit à ce sujet : « il est difficile en effet d'échapper à un sentiment mêlé d'étonnement, de respect et presque d'effroi, lorsque pour la première fois, on se trouve en face de cette ville étrange, de ce nid d'aigle, comme on l'a dit souvent, qui fût la capitale de la Numidie royaume et de la Numidie province, et dont la conquête a été pour la domination française elle-même un si puissant auxiliaire, un si utile enseignement .».[46]

Hormis son positionnement géostratégique et économique, Constantine constitue le long de son parcours historique la cité de la science, du savoir et de la connaissance. Ainsi, on retrouve, dans la mémoire collective, des penseurs, des théologiens, des historiens, des hommes de lettres et des sciences exactes, des voyageurs, des médecins, etc. à l'image d'Ibn Khanfour, Ibn Khaldoun, Ibn Badis, Rédha Houhou, Malek Haddad, Kateb Yacine, etc.

II.1.3. Situation géographique privilégiée de la ville de Constantine

D'une superficie de 2 381 740km², la ville de Constantine est située sur une hauteur moyenne de 600m (534m à 634m.), à une latitude 36° 21'54 Nord et une longitude de 6° 36' Est de Greenwitch. Elle dispose d'une situation géographique très remarquable. Elle est située au carrefour de deux grands axes :

- Axe Est – Ouest au contact Tell – Hautes plaines ;
- Axe méridien qui de Skikda à Biskra relie le littoral au Sud (Sahara) ;
- Carrefour routier, elle assure la liaison entre l'ensemble des wilayas de l'Est et, par la route nationale n°5 qui la traverse, elle les relie à Alger.

Sa position sur les espaces de transition entre le Tell et les Hauts Plateaux et surtout sa localisation au centre d'un réseau urbain (Est), par les métropoles régionales qui s'affirment (Annaba, Batna, Sétif) et par les autres centres dynamiques de la région (Guelma, Jijel, Skikda, Tébessa) sont autant de facteurs qui renforcent Constantine dans son rôle principal de centre d'animation de l'est algérien.

Chef-lieu d'une wilaya de 12 communes depuis le dernier découpage de l'année 1984, elle se positionne comme un véritable carrefour d'échange, de communication économique et administrative (Fig.2) entre la frange littorale (Jijel - Skikda -

---

[46] Rozet et Carette, 1980 : L'Algérie, Ed Bouslama, Tunis, 347p.

Annaba) et l'arrière-pays tellien (Sétif - Batna - Oum El Bouaghi - Guelma - Souk Ahras).

II.1.3.1. Un climat méditerranéen à nuance continentale

Par sa position géographique entre le littoral et l'Atlas Tellien, le climat régional est semi-aride, doux à deux saisons : un hiver froid et sec, un été chaud et sec.

II.1.3.2. Un site contraignant

La singularité du site de Constantine n'offre malheureusement pas de potentialités suffisantes à l'urbanisation. La figure de formation géologique n°3 montre la nature de la dynamique urbaine, conséquence de la géomorphologie locale. Celle-ci se compose de :

a- Le rocher

La configuration de Constantine fait d'elle une véritable forteresse. Elle s'élève, en effet, sur un plateau rocheux, en forme de trapèze, limité au sud–est et au nord–est par des ravins profonds et rattaché seulement du côté sud–ouest au pays environnant par une sorte d'isthme très étroit. « Le plateau lui-même est fortement incliné du Nord au Sud.».[47] Le rocher est formé d'un ensemble de calcaire néritique et présente une surface plane.

b- Les plateaux

Situés à une haute altitude et constitués de calcaire, ils présentent des espaces plans faiblement inclinés. La caractéristique de ces derniers est la stabilité du terrain : exemple le plateau d'Ain El Bey.

---

[47] Encyclopédie de l'Islam, p534.

<u>*c- Les vallées et les cours d'eau*</u>

La ville est traversée par deux oueds : le Rhumel, le plus important cours d'eau de la Wilaya et son affluent et le Boumerzoug. A l'amont de leur confluence, les vallées s'ouvrent en de larges versants à pentes fortes. Deux types de localisation ont été déterminés :

- Les berges constituées de matériau alluvial sont inondables ;
- Les versants constitués en majorité de marnes sont instables.

<u>*d- Les collines*</u>

Le site des collines a deux orientations :

- L'une vers le nord – ouest ;
- L'autre vers le sud – ouest.

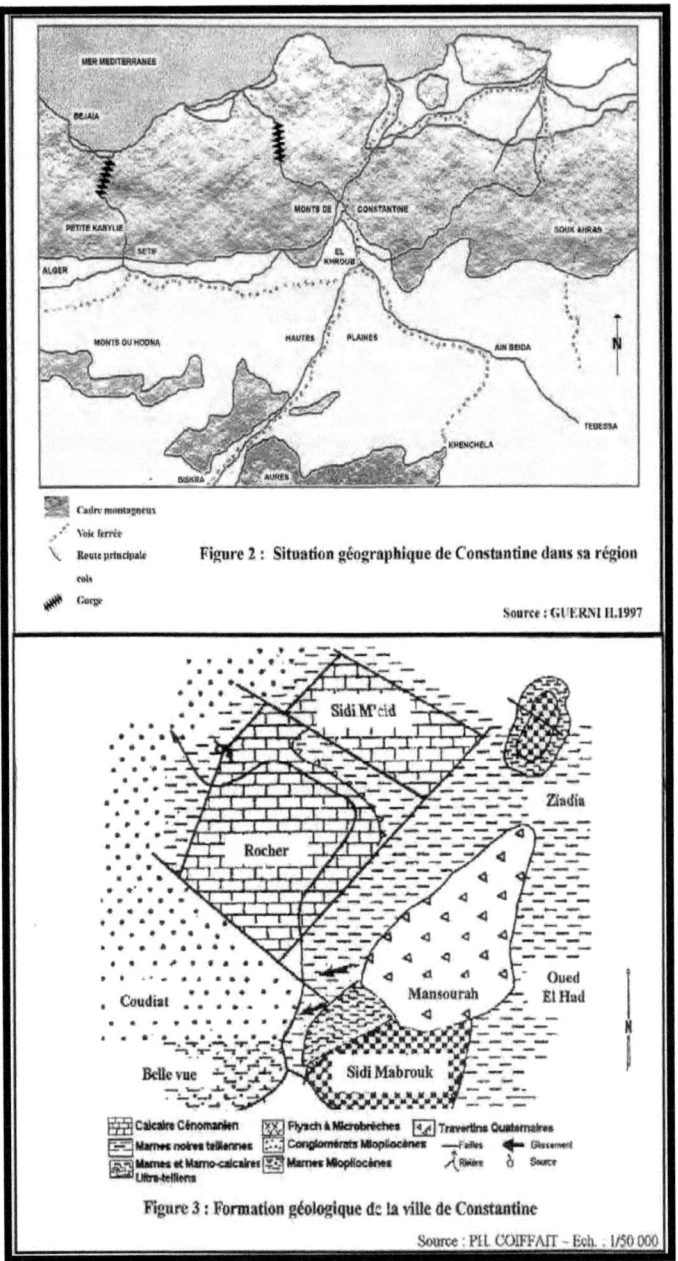

Figure 2 : Situation géographique de Constantine dans sa région

Source : GUERNI H.1997

Figure 3 : Formation géologique de la ville de Constantine

Source : P.H. COIFFAIT – Ech. : 1/50 000

Ces collines sont marneuses et à pente moyenne. Les versants sont sujets à des glissements de terrain (exemple : la cité Boussouf dont le terrain connaît actuellement des problèmes de stabilité).

II.1.4. Organisation administrative de l'espace constantinois

Sous l'occupation française, l'espace constantinois a connu un double remodelage (Fig.4) :

- Le premier s'est opéré en 1858 avec le statut de département de l'Est ;
- Le deuxième a eu lieu en 1956 et a permis l'émergence d'une nouvelle génération de villes dans la région (Annaba - Batna - Bejaia - Sétif).

Les remodelages administratifs de la période post–coloniale (de 1974 et 1984.) ont vu l'émergence de la troisième et quatrième génération de wilaya, ce qui a engendré une délimitation de l'aire d'influence de l'espace constantinois et les prémices des enjeux de rivalité territoriale.

Le découpage administratif de la wilaya de Constantine, élaboré en 1984 (Tableau n°11) a permis la promotion de cinq agglomérations secondaires au rang de communes (Fig.5) : Ain Smara, Ibn – Badis, Béni Hamidane, Messaoud Boudjeriou, Ouled Rahmoun.

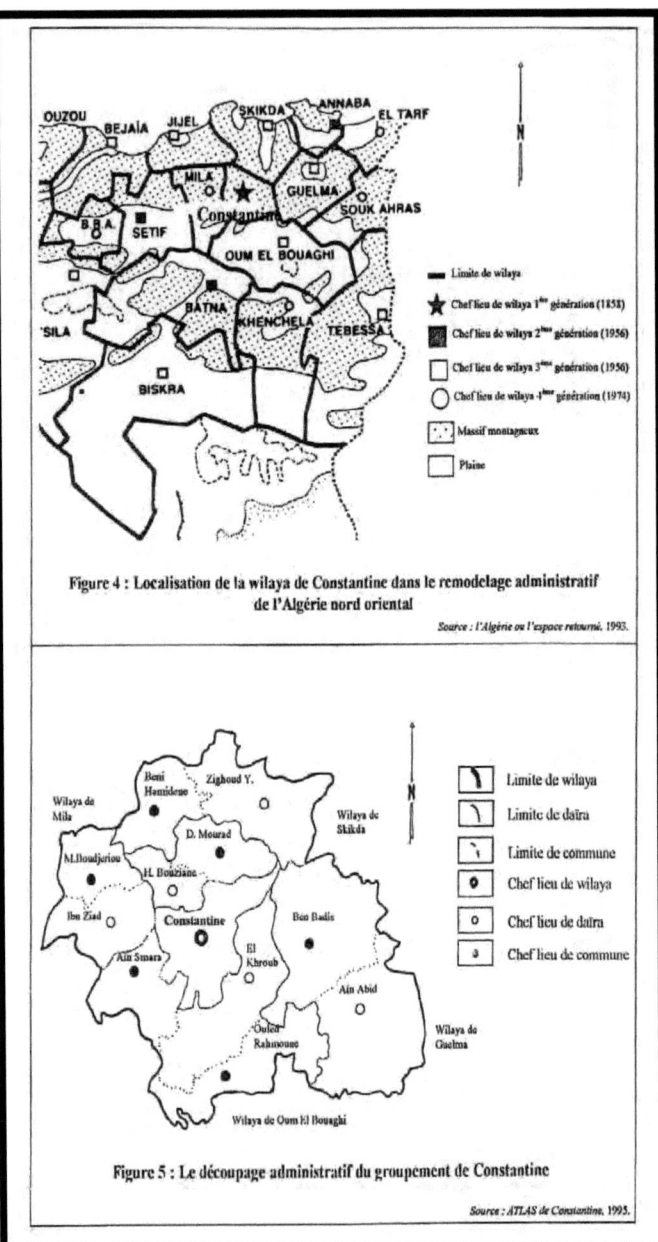

Figure 4 : Localisation de la wilaya de Constantine dans le remodelage administratif de l'Algérie nord oriental

Source : l'Algérie ou l'espace retourné, 1993.

Figure 5 : Le découpage administratif du groupement de Constantine

Source : ATLAS de Constantine, 1995.

Par ailleurs, conformément à la loi n°90-08 du 07 avril 1990 portant code de la commune, notamment l'article 182 qui autorise la subdivision en secteurs urbains des communes ayant plus de 150 000 habitants, Constantine a vu son organisation répondre à ce texte par la création de 10 secteurs urbains, dirigés chacun par un élu communal désigné par l'Assemblée Populaire Communale (A.P.C).

II.1.5. Une croissance démographique contraignante

Depuis l'installation des colons jusqu'à nos jours, l'Algérie connaît un phénomène important qui est la poussée démographique. Ce phénomène marquant conditionne non seulement la situation socio – économique du pays, mais il a aussi des conséquences multiples notamment sur l'emploi, l'éducation, la santé, l'équilibre régional, l'urbanisation.

« En novembre 1995, la population algérienne est estimée à 28,2 millions d'habitants, son taux d'accroissement naturel, quoiqu'en retrait, serait encore de 2,3%, soit un dédoublement de la population en 30 ans.»[48]. Ce dédoublement de la population est dû à la très forte natalité, à la faible mortalité et aux mouvements migratoires. Ces trois composantes constituent l'élément majeur de la croissance de la population en Algérie.

---

[48] O.N.S. 1995, P1.

II.1.5.1. Mouvement naturel de la population (Constantine) et migration

Il est stipulé dans la monographie de la wilaya de Constantine « qu'il est important de signaler que les statistiques relatives au mouvement naturel de la population, sont purement administratives et ne concordent pas avec la réalité sur le terrain. »

Le nombre des naissances diffère d'une commune disposant d'une maternité vers une autre non pourvue et les statistiques semblent de ce fait ne pas être fiables.

Aussi, sont données comme exemple les communes de Hamma Bouziane et de Didouche Mourad qui totalisent toutes les deux en 1999 :
- Quarante-quatre naissances ;
- Trois cent soixante-quatre mariages ;
- Deux cent soixante-quinze décès.

L'autre composante qui est la migration interurbaine est un phénomène de transfert de la population d'un milieu rural vers un milieu urbain. Aujourd'hui, plus de la moitié de la population algérienne est citadine.

De l'analyse des trois derniers recensements de la wilaya, on constate ce qui suit :
- Entre 1977 et 1987, la wilaya de Constantine a enregistré un accroissement moyen de 3,34%. Cet accroissement est justifié d'une part par la mise en service des différentes unités industrielles, la création d'emplois dans le secteur tertiaire

consécutifs au découpage administratif de l'année 1984 (applicable à partir du 1er janvier 1985) qui a permis la promotion de cinq agglomérations secondaires en communes (Ain Smara, Ouled rahmoun, Ben Badis, Messoud boudjriou, Beni Hamidéne) et de cinq autres en daira (El Khroub, Ain Abid, Hamma Bouziane, Ibn Ziad, Zighoud youcef) et d'autre part l'exode rural.

Par contre, la population du chef-lieu n'a enregistré qu'un taux de 2,5% par année au cours de la même période. La politique d'aménagement du territoire, l'indisponibilité de terrains pouvant recevoir les programmes d'habitat sont la cause de ce recul.

- Entre 1987 et 1998 : sous l'effet de la crise économique qui sévit depuis plus d'une décennie et d'une politique de limitation des naissances instituée en 1984, l'accroissement démographique a marqué un net recul entre 1987 et 1998 pour atteindre 1,83% pour l'ensemble de la wilaya et 0,58% en moyenne par an pour Constantine.

L'accroissement du taux de concentration de la population est enregistré à partir de l'année 1977 au niveau du chef–lieu de wilaya : actuellement 59,28% de la population de la wilaya résident dans la commune de Constantine, soit une densité moyenne de 2617 habitants/Km^2 et un taux d'urbanisation de 84,4%. Ceci explique parfaitement le fait que Constantine soit l'une des villes qui a connu une des plus grandes mutations démographiques dans l'histoire de l'Algérie.

Quant aux autres plus importantes agglomérations, à savoir El Khroub, Ain Smara, Hamma Bouziane et Didouche Mourad, leur densité varie entre 194 à 820 habitants au kilomètre carré. Les sept autres communes enregistrent des écarts importants : de 44 habitants/km² à Béni Hamidéne à 121 habitants/km² à Zighoud Youcef.

Tableau n°15 : Densité de la population par commune.

Communes	Superficie km²	Population	Densité hab/km²
Constantine	183,00	478 837	2617
EL Khroub	255,00	90 222	354
Ain Smara	123,81	24 036	194
Ouled Rahmoune	269,95	20 428	76
Ain Abid	323,80	25 962	80
Ben Badis	310,42	13 732	44
Zighoud Youcef	255,95	31 070	121
Beni Hamidene	131,02	8210	63
Hamma Bouziane	71,18	58 397	820
Didouche Mourad	115,70	33 213	287
Ibn Ziad	150,77	15 581	103
Messoud Boujeriou	106,60	7959	75
Total	**2297,20**	**834 647**	**4834**

Source : D.P.A.T, 2000.

« Le facteur historique (guerre de libération et les premières années d'indépendance) a été le moteur de ce mouvement de population vers Constantine.».[49]

Ce mouvement de population, appelé exode rural, était dû essentiellement à trois facteurs prépondérants :
- La déstructuration de l'espace algérien dans ses rapports villes/campagnes durant la période coloniale ;

---

[49] Cherrad F, 1980 : Une métropole saturée : croissance et mobilité des populations de Constantine et sa wilaya, Thèse de Magister, IST, 255p.

- La promotion du programme d'industrialisation sur les périphéries des grandes agglomérations ;
- La promotion des conditions de vie (hygiène et santé) des citoyens algériens de l'après indépendance.

L'exploitation du recensement de 1977, montre que 79% des migrants venaient directement des campagnes dont « 65% provenaient de la wilaya de Constantine et des wilayas voisines, de Jijel, Skikda et Guelma. ».[50]

Ce flux migratoire qui n'est pas nouveau a des racines lointaines. Lié à une politique dictée par la colonisation française qui, pour s'accaparer des terres riches et fertiles de la paysannerie, a mis en place un arsenal juridique dont l'aboutissement direct est la désintégration du tissu social et économique des campagnes (1863 : Sénatus Consulte, 1873 : Loi Warnier, 4 Août 1926 : reprise des terres « arch »). Cette politique a provoqué un exode rural qui, jusqu'en 1954, n'a pas eu une évolution régulière.

Contrairement à ce qui devait se produire à la suite de la promulgation de cette législation, les villes côtières, d'une façon générale privilégiées, furent le lieu de prédilection des migrants, Constantine qui représentait un centre d'écoulement et d'absorption des produits ne pouvait de ce fait les attirer. Le rôle important accordé aux villes portuaires leur donne un rôle de pôle d'attraction particulièrement fort pour les courants migratoires.

---

[50] Chaline C, 1996 : Les villes du monde arabe, Ed Armand Colin, France, 181p.

Cependant, la reprise du flux migratoire vers Constantine deviendra plus perceptible entre 1948 et 1954, période durant laquelle l'agriculture traditionnelle déficitaire (elle n'enregistrait que cinq quintaux de céréales à l'hectare, seuil au-dessous duquel il y a non rentabilité) à laquelle était attachée la paysannerie, subissait les contre coups des grands propriétaires terriens dont les exploitations disposaient de moyens modernes.

L'accroissement de Constantine s'est effectué, durant cette période, au détriment des villes situées dans son aire d'influence, « contrairement aux autres villes et surtout aux villes côtières dont la moyenne annuelle correspondait à la moyenne globale pour toutes les grandes villes de l'Est, c'est à dire 3,50%, Constantine s'accroît de manière remarquable ; pour la première fois le solde migratoire de Constantine égale l'accroissement naturel pour donner un taux annuel global de 4,85%. ».[51]

Durant la guerre de libération nationale, la répression, les déplacements massifs des populations, la destruction de mechtas et de douars, facteurs déterminants pour provoquer les mouvements vers la ville, ont poussé les paysans à déserter les campagnes et à s'installer dans l'agglomération, dans des bidonvilles dont l'apparition, comme il a été souligné précédemment, remonte aux années 1930.

A l'indépendance et après le départ des européens dont le nombre n'était pas aussi important que celui des villes portuaires,

---

[51] Hafiane A, 1989 : Les défis à l'urbanisme, l'exemple de l'habitat illégal à Constantine, Ed OPU, Alger, 290p.

on assiste à une reprise du processus migratoire qui s'est constitué par le retour des 'exclus' démunis de ressources et de gîtes.

D'autres facteurs sont à l'origine de l'émigration post - indépendance. M Cherrad, de l'université de Constantine a mis en évidence les facteurs économiques. L'activité agricole n'était plus en mesure de constituer une source de revenus, l'accroissement de la densité démographique ayant largement dépassé ses capacités d'offrir, à tout un chacun, la possibilité de subvenir aux besoins de la famille.

Hafiane A dans son ouvrage a mis en évidence les causes essentielles de ce phénomène durant la période post - coloniale à Constantine :

- « De 1962 à 1966, les conséquences du système colonial continuent d'agir sur le processus migratoire, se conjuguant en mouvement d'appropriation des villes ;
- De 1967 à 1971, se met en œuvre la politique économique avec le démarrage des projets industriels et la reprise de secteurs d'activités urbaines (le bâtiment à Constantine) qui entraînent une création d'emplois urbains ;
- Après 1971, la révolution agraire, en introduisant de nouveaux rapports de production dans les campagnes, annonce des transformations structurelles importantes dont les résultats économiques ne peuvent s'appréhender instantanément, ni à court terme, alors que parallèlement, se développe un arsenal industriel dans les villes se caractérisant par une stabilité de sources de l'emploi et des

revenus, des avantages sociaux importants et un seuil de rémunération plus élevé que dans les activités agricoles. ».[52]

On peut donc affirmer que les carences enregistrées dans le secteur agricole pour lequel peu d'intérêt a été accordé et la mise en place de grandes unités industrielles, solide secteur de l'emploi urbain (mécanique, alimentaire etc....), auxquelles il conviendrait d'ajouter les emplois de services dont les besoins en main d'œuvre étaient importants, ont encore aggravé la situation de la ville par le flux de ruraux en quête d'un emploi plus rémunérateur et stable.

De ce fait, comme toutes les villes algériennes, Constantine a connu un flux massif de la population rurale qui a conduit à une urbanisation anarchique.

Ce phénomène continue de s'accroître jusqu'à nos jours, la population de la wilaya de Constantine étant estimée d'après le dernier recensement de 1998 (O.N.S) à 807 647 habitants.

La conjoncture économique actuelle, le terrorisme qui incite la population rurale à déserter la campagne et à s'installer en bordure des villes sont des facteurs qui se greffent aux phénomènes précédents. Cette situation a renforcé le déséquilibre démographique existant et les répercussions sur le développement et la croissance de la ville.

De l'étude réalisée en 1992 par l'O.N.S. avec l'aide de la Ligue des Etats arabes, il ressort que « la taille moyenne du ménage

---

[52] Hafiane A, Idem, p205.

algérien est la plus forte du monde : 6,7 personnes par ménage en 1977, 7,1 en 1987. Elle est cette fois de 7,00 personnes par ménage. Cette stabilité traduit en fait une sérieuse aggravation des conditions de logements ».[53]

Selon les calculs que nous avons effectués et ce conformément aux données dont nous disposons actuellement, le nombre de personnes par ménage, s'élève en 1998, pour la commune de Constantine à 5,9.

Par ailleurs, pour mettre fin au flux migratoire en direction des centres urbains saturés du vieux rocher ou du moins le ralentir, des projets de mise en valeur des zones rurales ont été inscrits dans le cadre du Plan National de Développement Agricole et Rural (P.N.D.A.R.).

Ce plan multi - sectoriel capable d'assurer une prise en charge efficace des préoccupations du monde rural devra créer les conditions nécessaires à son épanouissement et à son désenclavement.

C'est ainsi que, d'après les services agricoles de la wilaya de Constantine, des mechtas disséminées à travers les communes de la wilaya ont été ciblées. Le projet de mise en valeur auquel les populations concernées ont été associées à son élaboration a pour objet de favoriser la stabilité des ruraux sur leurs terres par :

- L'amélioration de la sécurité alimentaire des ménages ;

---

[53] O.N.S., 1995, p1.

- La promotion et la valorisation des métiers ruraux en appui aux activités agricoles ;
- La création des conditions au retour des populations ayant quitté leurs régions ;
- La mise en place d'équipements socio – économiques : habitat rural (construction de 100 unités nouvelles, aménagement ou réfection de l'existant), électrification rurale, transport, éducation, santé.

Les opérations qui concernent tous les secteurs précités ont été déjà engagées dans les localités ciblées situées dans les communes suivantes (source : Direction des services agricoles de la wilaya de Constantine) :
- Tafrent, Djebel – Ouahch (Commune de Constantine) ;
- Mechta El – Haouès (Commune d'El-Khroub);
- Zone tampon avec Messoud Boudjeriou Commune d'Ibn-Ziad) ;
- Medaouda (Commune de Zighoud Youcef) ;
- Boukhalfa (Commune de Messaoud Boudjeriou) ;
- Djebel Naâmane (Commune d'Ain-Smara) ;
- El-Garef (Commune de Hamma Bouziane) ;
- Djenane El-Bez (Commune de Béni-Hamidane) ;
- Garaba (Commune de Didouche Mourad).

Quant aux projets des trois communes restantes (Ain - Abid, Ibn-Badis et Ouled - Rahmoune) qui consistent en l'intensification des filières culture et élevage, ils n'ont pas encore reçu un début d'exécution.

II.1.5.2. L'essor industriel et ses conséquences sur la vie de la cité

La situation de Constantine au centre d'un réseau de communications en forme de toile d'araignée confirme son rôle de plaque tournante de la région. La consolidation de son armature économique en déversant industries et grands équipements sur son territoire a été entreprise voilà plus d'une décennie.

Cependant, son industrialisation n'a pas été menée dans un cadre suffisamment planifié et le tissu industriel se distingue par une très faible intégration locale. Il convient de signaler que la répartition des différentes implantations n'a pas obéi à des critères rigoureux ayant pour objet d'organiser des zones relatives à leur activité.

L'expansion délibérée sur les espaces agro–pastoraux introduit un processus de conurbation en direction des centres urbains secondaires de : El Khroub, Ain Smara, Hamma Bouziane, Didouche Mourad, qui abritent la majorité de l'activité industrielle de la wilaya dont la prédominance est l'industrie mécanique, les matériaux de construction et les industries alimentaires.

Ces options ont engendré de nouveaux rapports dans la pratique des espaces. Un nombre important de citadins a été déplacé de plus en plus loin du centre qui concentre la presque totalité des équipements et services, alors que les quartiers récents présentent des signes de sous équipement. Cette situation a eu pour conséquence la saturation des réseaux de communications qui convergent vers le centre-ville.

II.1.6. La dynamique urbaine et les enjeux de l'urbanisation de la ville

La croissance urbaine de la ville de Constantine s'est effectuée à partir de son rocher et cela dans trois directions dont une quatrième est amorcée. « Cette croissance s'est faite selon quatre périodes de l'histoire. A chaque époque correspond un développement caractérisé par une configuration spécifique et comportant des types d'unités morphologiques déterminées par des facteurs d'ordre économique, social et spatial. ».[54] Pour comprendre cela, il est nécessaire d'étudier l'évolution de la ville à travers le temps.

a- Première étape : 1837 – 1930

Jusqu'à la veille de la colonisation, la médina de Constantine se limitait au rocher isolé et entouré par le Rhumel. Ce n'est qu'à partir de 1840 que le tissu urbain de la ville de Constantine connaîtra de véritables extensions. Celles-ci sont justifiées par le dédoublement des effectifs de la population européenne qui aura besoin de plus d'espace pour accueillir les nouveaux migrants. Orientées dans deux directions, l'est et le sud-ouest, les nouvelles extensions s'étendent sur des terrains facilement urbanisables et en continuité avec le rocher. C'est ainsi que des faubourgs destinés à accueillir la population ont poussé. L'exploitation de tous les terrains favorables, à savoir tous les plateaux et collines et la consommation de 125ha de l'ancienne ville, donnèrent un caractère hybride à la ville européenne.

---

[54] Elément de composition urbaine, 1994, p25.

b- Deuxième étape : 1930 – 1962

L'urbanisation coloniale se développera, durant cette époque, en trois directions sur des terrains facilement urbanisables. Pendant cette phase la ville connaîtra un exode massif des ruraux appauvris, engendrant ainsi une densification de la médina et l'apparition des premiers signes de bidonvilles qui jalonnent les marges de la ville, sur des sites défavorables à toute forme d'urbanisation (vallées).

Pour amortir les prémices de cette crise urbaine – "périphéries spontanées"- les autorités françaises ont entamé, dans la logique du « Plan de Constantine », de nouvelles formes d'urbanisation pour l'indigénat.

Parmi les objectifs du « plan de Constantine » figurait le relogement aussi bien des populations démunies des villes que des campagnes et traduisait une intention de transformation des structures spatiales. Il était en fait, dans l'esprit de ses initiateurs, d'atténuer les facteurs exogènes et notamment le flux migratoire.

Il prévoyait, pour l'ex-département de Constantine 26 400 logements urbains et 12 200 logements ruraux dont la réalisation était étalée sur une période de cinq ans.

Or, si l'on considère que le quota alloué non pas à Constantine uniquement mais à l'ensemble de la région qu'elle administrait, son impact sur la métropole de l'Est serait nettement insuffisant par rapport à la situation de l'habitat. Il est également important de souligner que le nombre de gourbis et de bidonvilles dont le nombre s'élevait à 17 650 auquel il conviendra d'ajouter la cité de recasement (nombre d'habitants : 4100 ; taux d'occupation par pièce : 5,8) ne pouvaient en aucun cas être éradiqués dans leur ensemble, leur nombre étant certainement supérieur au quota prévu pour la ville.

« En 1958, la France, consciente des déséquilibres socio – économiques, procède à l'application du Plan de Constantine, plan qui deviendra peu de temps après la réforme du Ministère de l'Habitat en 1966. »[55] Aussi, les cités de recasement (cité Améziane, cité des Mûriers, cité El-Bir) construites sur une périphérie défavorable à toute forme d'urbanisation, constituent un parfait témoignage de cette époque, époque au cours de laquelle apparurent les premières réalisations de grands ensembles, immeubles en bande assez hauts, de 5 à 15 étages.

A la même époque fut créé l'Office des Habitations à Loyer Modéré « H.LM. » qui réalisera la cité « Bellevue » pour laquelle 135ha sont pris sur des terres agricoles riches. D'autres programmes resteront à l'état de chantier et ne seront achevés qu'après l'indépendance, par les Algériens.

c- Troisième étape : 1962 – 1970

Cette période a été caractérisée par l'achèvement de tous les projets inscrits entre 1965 et 1970 dont 750 logements qui ont donné naissance à la cité Fadila Saadane à Constantine. Le plan de Constantine est interrompu (certaines fondations et carences, témoins de cette situation, sont visibles à nos jours à la cité K

---

[55] Michel Marie.

Boumeddous à Constantine) et l'habitat précaire s'intensifie en corrélation aux profondes mutations post–coloniales.

d- *Quatrième étape : de 1970 à nos jours*

C'est l'étape de l'éclatement de la ville de Constantine. Les extensions urbaines ont pris trois directions dans l'espace. La croissance de la ville est motivée par l'essor industriel et par la forte poussée démographique.

Jusqu'en 1975, la consommation d'espace a augmenté de plus de 40%. En 1979 elle a atteint 105%. C'est le reflet d'une industrialisation massive qui a induit l'implantation des autres équipements urbains et qui a incité la population rurale à quitter la campagne pour la ville dans l'espoir de trouver de l'emploi.

Cette situation a provoqué une crise de logements et a poussé l'Etat à procéder, en premier lieu, à une extension urbaine volontariste; l'urbanisation s'est ainsi faite entre 1979 et 1980 autour des programmes Z.H.U.N. Définies par la circulaire ministérielle n°335 du 19 Février 1975 elles avaient pour objectif d'assurer d'une part, les terrains d'assiette destinés au programme de logement social et d'autre part, de protéger les terres agricoles contre une urbanisation anarchique.

A partir de 1988, Constantine a connu une autre ère d'urbanisation plus libérale. Celle-ci s'est confirmée en programmes de lotissements et de promotion immobilière sur la périphérie.

Ces deux formes d'extension ont connu un essor considérable, ce qui a eu des effets négatifs sur l'espace constantinois; on ne citera que deux conséquences néfastes: une urbanisation au détriment des terres agricoles de haut rendement et une extension urbaine qui a démesuré les rapports de l'armature urbaine existante.

Le site de Constantine, célèbre et contraignant, symbole de développement et de la richesse de la ville durant des siècles, a permis au rocher d'être le centre de priorité, l'articulation primaire de toute la croissance urbaine.

Avant et après l'indépendance, Constantine, comme toutes les villes d'Algérie, s'est trouvée face à des problèmes importants: l'exode rural et la crise du logement. Ces deux facteurs ont engendré une accélération de l'urbanisation qui a conduit à une extension incontrôlée du tissu urbain. L'exode rural a permis la prolifération de l'habitat précaire, informel, etc., tout autour de la ville. Pour faire face à la crise du logement plusieurs parcs ont été réalisés.

> « Conformément à des options politiques socialistes, qui amorcent un droit au logement pour tous et de façon égalitaire, le secteur public devra être le seul agent intervenant dans la production de logements. ».[56]

---

[56] Benmati N, 1991 : Analyse de l'évolution des processus de production de l'espace de l'habitat informel à Constantine, Thèse de Magister, IAUC, 162p.

Il est utile de souligner que les autres communes de la wilaya accusent, elles aussi, un déficit : le taux d'occupation du logement (T.O.L) varie entre plus de 6% et plus de 8%.

Une importante partie du parc logements de la ville de Constantine est vieillissante. Certaines habitations dont celles de la vieille ville (Sud-Est du Rocher) datent d'avant 1837. Celles de la vieille ville (Nord-Ouest du Rocher) ont été construites entre 1845 et 1900. Ce vieillissement est également une source de difficultés que doit affronter la ville de Constantine, la conservation n'ayant pas été assurée.

Délaissé, le patrimoine immobilier, vieillissant et dans un état de délabrement avancé, vient de bénéficier d'une opération de réhabilitation qui consiste en :
- Ravalement des façades ;
- Rénovation des cages d'escaliers ;
- Rénovation et changement de la menuiserie ;
- Changement et nettoyage des tuiles et toitures ;
- Etanchéité des terrasses ;
- Réfection des descentes et gouttières des eaux pluviales ;
- Réfection des conduites d'eau potable ;
- Rénovation des toilettes communes.

La rénovation du vieux bâti, baptisée réhabilitation a été lancée en février 2000 par l'O.P.G.I. (Office de Promotion et de Gestion Immobilières). Cette opération est le résultat d'un montage

financier qui consiste en la prise en charge du coût des travaux engagés par :
- La wilaya : 60% ;
- L'O.P.G.I.: 20%;
- Les locataires ou les propriétaires des immeubles concernés: 20%.

Les échafaudages que l'on aperçoit, ici et là au centre de la ville, la remise à neuf de quelques immeubles situés au boulevard Zighoud Youcef démontrent qu'il ne s'agit point d'une campagne ponctuelle mais bien d'une opération qui touchera l'ensemble du vieux bâti de la ville de Constantine, dans la mesure où les crédits sont reconduits chaque année.

II.1.6.1. L'habitat illégal

Signoles P, définit l'habitat illégal auquel il a donné 'un terme plus neutre' celui 'd'urbanisation non réglementaire' comme suit : «cette seconde forme d'urbanisation périphérique se caractérise par le fait qu'elle ne respecte pas les règles édictées par la législation et la réglementation en vigueur, soit qu'elle s'effectue sur des terres dont l'usage est interdit à la construction, soit que, se produisant dans des zones où l'urbanisation est autorisée, elle ne respecte pas les règlements de lotissements et/ou les règlements de construction ».[57]

Le développement urbain de la ville de Constantine souffre également des constructions illicites. Ces réalisations qui ne

---

[57] Signoles P, 1996 : 1Acteurs publics et acteurs privés dans le développement des villes du monde, CNRS, 22p.

répondent pas à la réglementation ont commencé à fleurir à partir des années 1980. Edifiés sans permis de lotir et de construire, elles ont été réalisées sur des terrains privés acquis auprès de propriétaires de terres agricoles.

Devant l'ampleur prise par ce phénomène qui a vu naître des cités entières, la seule alternative qui s'offrait aux autorités de l'époque était de régulariser les constructions réalisées avant le 31 décembre 1985 et ce conformément au décret n°85-212 du 13 août 1985 déterminant les conditions de régularisation dans leurs droits de disposition et d'habitation des occupants effectifs de terrains publics ou privés objet d'actes et/ou de constructions non conformes aux règles en vigueur.

L'article 1 de ce décret pris dans le cadre de l'ordonnance n°85-01 du 13 août 1985 fixant à titre transitoire, les règles d'occupation des sols, en vue de leur préservation et de leur protection, stipule qu' « il fixe, en outre, les conditions de prise en charge des constructions édifiées, à la date précitée, susceptibles d'être mises en conformité avec les règles d'urbanisme et normes de construction ».

En somme, l'illicite qui ne répondait à aucune norme urbanistique, architecturale ou autre, comme c'est le cas le plus original de la cité Benchergui à Constantine, du nom du propriétaire du terrain, est devenu licite.

Terrain à faible capacité agricole, celui-ci ne pouvait être versé au Fonds National de la Révolution Agraire, son propriétaire présent par rapport aux textes régissant la Révolution Agraire étant considéré par ces derniers en situation régulière.

Par ignorance ou par appréhension des conséquences induites par les dispositions de l'ordonnance n°74/26 du 20 février 1974 portant constitution des réservés foncières au profit des communes, il procéda au lotissement de son terrain qu'il mit en vente à des acheteurs en quête de logements.

Quoique le terrain en question ne fût pas intégré, à l'époque, dans le périmètre d'urbanisation de la commune de Constantine, le propriétaire ne devait et ne pouvait pas se desservir conformément à l'article 6 de l'ordonnance sus – citée qui stipule : « Hormis les transferts de propriété par voie de succession, les terrains conservés pour leurs propriétaires dans le cadre des dispositions de l'articles ci – dessus ne peuvent faire l'objet de mutation à quelque titre que ce soit qu'au profit de la commune concernée. ».

Or, les transactions se poursuivirent malgré les injonctions de l'article de loi précédemment cité. Aujourd'hui, on peut affirmer que la cité Benchergui à Constantine qui grimpe sur le flanc de la colline, est "une ville mitoyenne à la ville."

II.1.6.2. Les bidonvilles

Le bidonville, construction qui ne répond à aucune conception urbanistique ou architecturale, où les moyens d'existence et les commodités les plus élémentaires sont quasiment nuls, favorise la « mal-vie » et la marginalisation.

La monotonie des lieux, la laideur des matériaux utilisés pour la construction, le manque d'hygiène, l'atmosphère morose qui règne sont autant d'éléments négatifs qui ne permettent guère aux résidents, notamment les jeunes, de s'épanouir.

Les résidents de ces « *ghettos* » et particulièrement les enfants, issus d'horizons divers (certains sont originaires des wilayas limitrophes) démunis de toutes ressources sont sujets à des maladies provoquées essentiellement par la promiscuité, la rareté de l'eau voire son absence totale et l'inexistence du réseau d'assainissement.

Cette précarité est, d'après les spécialistes, l'une des causes de la délinquance, juvénile notamment.

Comme il a été signalé précédemment, l'apparition des bidonvilles n'est pas récente. Durant les années 1950 et 1960, ils représentaient une proportion très importante. Pour bien illustrer l'ampleur prise par ce phénomène et à travers ce dernier le flux migratoire qu'a connu la ville de Constantine, durant cette période, il est recommandé de se référer à l'ouvrage intitulé 'Les Défis de l'urbanisme – L'exemple de l'habitat illicite à Constantine de M A Hafiane'. Les chiffres communiqués sont significatifs et permettent de réfléchir sur l'ampleur déjà prise par ce phénomène.

« Le parc total de logements comprendra 44%de logements de type bidonville et constructions en dur. Si l'on considère que les logements occupés par la population algérienne (tous types inclus) la proportion peut être évaluée à 62%. »[58]

Tableau n°18 : Répartition des logements de la population algérienne en 1959 selon les types et les périodes de construction.

Type de logement Période de construction	Gourbis et constructions très sommaires		Construction en dur de type bidonville		Maisons arabes traditionnelles		Cités de recasements	
	Unités	%	Unités	%	Unités	%	Unités	%
Avant 1949	2600	31	2700	29	5300	94	-	-
1949/1954	1800	22	2900	31	200	4	-	-
Après 1954	3500	43	3500	37	100	2	500	100
Imprécis	300	4	300	4	-	-	-	-
Total	8200	100	9400	100	5600	100	500	100

Source : Hafiane A, p43.

Tableau n°19 : Répartition de la population en 1960 selon le type de logement.

Type de logement	Nombre de personnes	5% par rapport à la population totale algérienne	Nombre de logements	Taux d'occupation par logement (pers/log)	Taux d'occupation par pièce (pers/pièce)
Gourbis et constructions très sommaires	43 900	24,7	8200	5,4	4,2
Bidonvilles en dur	61 000	34,3	9400	6,5	4,6
Maisons arabes traditionnelles	36 800	20,7	5600	6,5	4,3
Cité de recasement	4100	2,3	500	8,2	5,8
Cités évolutives	4700	2,6	800	5,9	3,7
Logements européens construits avant 1954	21 800	12,1	3000	7	2,6
Logements européens postérieurs à 1954 — Immeubles collectifs	2100	1,1	85	75	2,4
Villas Maisons individuelles	3.900	2,2			
Total	178 000	100			

Source, Hafiane, p44

En examinant ces chiffres, on constate que les bidonvilles et les gourbis recensés ainsi que la population qui y habite

---

[58] Hafiane A, 1989 : les défis a l'urbanisme, l'exemple de l'habitat illégal à Constantine, p42.

représentent plus de 60% du parc logement et une population de 104 900 habitants, soit 62% de la population globale.

Les bidonvilles continuent de fleurir autour de la ville de Constantine. Ce type d'habitat est lié aux différents événements vécus par Cirta, à l'explosion démographique, à la désorganisation de l'économie traditionnelle des zones rurales.

L'inexistence de structures d'accueil en ville a encouragé les migrants à s'installer en bordure de la ville, dans des abris de fortune dépourvus de toute forme de vie décente.

Tableau n°20 : Etat des bidonvilles de la ville de Constantine avant le 31.12.2000.

Secteur urbain	Nombre de bidonvilles	Nombre de constructions	Nombre de ménages
El Kantara	07	2874	2874
Les Mûriers	09	1741	1804
05 Juillet	03	348	348
Sidi Rached	18	1515	1567
El Gammas	08	616	616
Ziadia	06	1003	1033
Sidi Mabrouk	11	1056	1056
Bellevue	03	74	74
Boudraa Salah	08	104	125
Total	**73**	**9331**	**9497**

Source : A.P.C. de Constantine (2003)

Pour éradiquer ce fléau qui défigure la ville des ponts et prévenir toute situation identique à celle qui a endeuillé la ville d'Alger et certaines wilayas du pays (inondations du 10 novembre 2001), les autorités supérieures de l'Etat, en étroite collaboration avec celles de la wilaya, ont pris toutes les mesures nécessaires pour le relogement progressif et dans un délai très court des résidents de ces quartiers.

C'est ainsi que sur les 73 bidonvilles recensés qui entourent la cité, 13 ont été totalement rasés (09 en 2001 et 04 en 2002), soit 3007 constructions démolies et 3007 familles relogées dans des appartements neufs.

Tableau n°21 : Bidonvilles éradiqués et relogement des ménages.

Bidonvilles éradiqués	Nombre de familles relogées	Lieu de nouvelle résidence	Année de l'éradication
Mansourah	277	Bekira (Hamma-Bouziane)	2001
Polygone	277	Bekira (Hamma-Bouziane)	2001
Cité des Martyrs	042	Bekira (Hamma-Bouziane)	2001
Arcades romaines	025	Bekira (Hamma-Bouziane)	2001
Cité de transit (Frères Abbes F.G)	007	Sarkina (Constantine)	2001
Cité de transit (Frères Abbes)	007	Sarkina (Constantine)	2001
Meskine (Boudraa Salah)	024	Sarkina (Constantine)	2001
El Menia	004	Sarkina (Constantine)	2001
New York (4ème Km)	580	Ville Ali Mendjeli	2001
Ahmed Bey	113	Ville Ali Mendjeli	2002
Carrière Gance	713	Ville Ali Mendjeli	2002
Bardo	446	Ville Ali Mendjeli	2002
Décharge publique	492	Ville Ali Mendjeli	2002
TOTAL	3007		

Source : A.P.C. de Constantine (2003)

Il est prévu durant le mois de juin 2003 le transfert vers la ville Ali Mendjeli de 813 familles demeurant actuellement au bidonville dénommé « terrain Tennoudji »

Le transfert des familles vers leur nouvelle résidence et en particulier celles issues du bidonville « le polygone » a eu pour effet la fermeture de toute une école primaire fréquentée auparavant par des enfants originaires, dans leur grande majorité, de ce bidonville.

Par ailleurs, les terrains d'assiette récupérés serviront, après les études d'usage, notamment le statut juridique du foncier, à la réalisation de projets d'utilité publique. C'est ainsi que la Direction du Commerce et des prix et la Direction de la formation professionnelle ont été programmés sur le site du « polygone » et les travaux qui ont déjà débuté vont bon train.

Ces opérations, salutaires pour les citoyens démunis, démontrent la détermination affichée par les pouvoirs publics en vue de les rétablir dans leur dignité et d'effacer ces lieux hideux et repoussants.

II.1.6.3. Phénomène des glissements de terrains de Constantine

Les glissements de terrain dont l'apparition date de la fin des années 1950 (appelés dans le jargon scientifique : mouvements de masse ou encore mouvements de terrain), un autre fléau de la ville de Constantine, suscitent de l'intérêt aussi bien chez le citoyen que chez les autorités locales et nationales.

En effet, l'ampleur du phénomène observé aux plans économique et social à travers les effets sur l'immobilier urbain et son impact sur les populations appelle tout un chacun à la vigilance.

La moindre précipitation de pluie, les intempéries durant la saison hivernale constituent une menace certaine sur la vie des populations.

Le plan d'urbanisme directeur de l'année 1960 avait déjà procédé à l'identification des zones déclarées non aedificandi. Cependant, considérées à l'époque non constructibles, ces zones ont été absorbées, de façon manifeste, par l'extension de la ville, puisque les glissements en sites urbains qui se sont développés régulièrement à partir des années 1970 ont marqué le début du processus intensif d'urbanisation.

Les désordres actuels qui affectent une superficie du tissu urbain de près de 120ha et une population de 100 000 habitants sont répartis à travers une quinzaine de sites répertoriés, dont les principaux sont précisés au tableau ci – dessous :

Tableau n°22: Sites des glissements de terrain.

Site	Début du processus	Superficie du site affecté (ha)	Population concernée (hab)
Belouizdad – Kitouni – Kaidi	1972	32	60 000
Bellevue Oues – Terrain mosquée Emir Abdelkader	1974 /1977	28	5000
Bardo – CILOC – Bellevue	1988	27	15 000
El Menia – Boudraa Salah	1988	29	15 000
Pont El Bey	1978	08	-
Pont Sidi Rached	1979	-	-
TOTAL		**124**	**95 000**

Source : CNES : Projet de rapport « l'urbanisation et les risques naturels : Inquiétudes actuelles et futures. Mai 2003

A ces sites, il convient également de citer :
- L'ex – décharge publique – les maquisards ;
- La cité du 20 août ;
- La cité Boussouf, Zaouche, Benchergui ;
- Terrain de l'université.

Devant l'urgence et afin de prévenir les risques que peut provoquer ce phénomène sur les populations et les biens, les autorités ont chargé un organisme spécialisé étranger en vue de réaliser, en collaboration avec des organismes nationaux dans le cadre de la sous-traitance (L.T.P. – Direction de l'urbanisme – C.T.C. – Universités d'Alger et de Constantine), une étude globale sur ce phénomène et de proposer les mesures adéquates à prendre.

De l'avis d'un spécialiste, les causes de ce phénomène sont à la fois naturelles et anthropiques. La géologie de la région montre une grande hétérogénéité des terrains associée à une déformation très intense (tectonic). « Hormis le rocher, le Mansourah, le replat sommetal de la colline de Bellevue et le plateau d'Ain El Bey, il n'y a que des terrains marneux et argileux en pente, donc très sensibles et propices au glissement. Leur structure, charriée, les présentent ainsi sous forme de lentilles où la circulation d'eau est importante. On trouve en effet beaucoup de sources à leur base.

« Les argiles sont gypseuses et deviennent donc très fragiles ».[59]

Par ailleurs, la dégradation des réseaux d'assainissement et les réseaux d'A.E.P. sont également un facteur hydrogéologique non négligeable qui favorise considérablement les mouvements des sols. En effet, tous les spécialistes s'accordent à affirmer que plus de 40% de la distribution d'eau n'est pas réceptionnée par les ménages mais alimentent les sols. Ces déperditions que l'on aperçoit tous les jours prolifèrent à travers la ville.

D'autres facteurs sont également à l'origine de ces mouvements :
- L'action de l'homme à travers une urbanisation non conforme ;
- Une sur - occupation des constructions vétustes ;

---

[59] Spiga Y, 1999 : Les glissements de terrain à Constantine. Quotidien El Watan.

- La réalisation d'importants programmes de constructions ou d'équipements lourds sur des remblais ;
- Un déboisement important suite à l'urbanisation des sites.

Le patrimoine immobilier menacé par les glissements représente 16 000 logements (non compris les équipements, les réseaux de viabilité urbaine et les ouvrages d'infrastructures). Les expertises actuellement en cours confiées au Centre Technique de Contrôle et effectuées au cas par cas, ne seront achevées, d'après les estimations d'un spécialiste de ce dernier organisme que vers la fin du mois de juin 2003.

A cette date, les responsables de la société étrangère chargée de superviser toutes les études et expertises de tous les terrains et bâtisses, sujets à glissement, procéderont d'une manière précise à la classification des constructions selon le degré de vétusté de chacune d'elles :
- Bâtisses à évacuer et à démolir ;
- Bâtisses susceptibles d'être confortées et réhabilitées ;
- Bâtisses ne présentant aucun danger et pouvant être conservées.

Elle dressera également une carte de vulnérabilité et préconisera toutes les mesures à prendre et déterminera la priorité des interventions et aussi la nature des projets qui pourraient être implantés sur les sites récupérés (espaces verts, parkings, constructions légères).

Il est important de souligner que les populations des habitations qui présentaient un danger réel (effondrement) ont été relogées dans des appartements neufs implantés dans différentes régions de Constantine. Ainsi 511 familles originaires de Belouizdad (une partie), de l'avenue Kitouni, du quartier des maquisards, de Bellevue (une partie) ont été transférées vers la ville Ali Mendjeli.

II.1.6.4.l'Etat de la médina (vieille ville)

La médina autrefois fierté de Constantine et de ses habitants s'éteint à petit feu. Ce lieu, témoin d'une tumultueuse histoire a perdu son éclat d'antan et est aujourd'hui dans un état de vétusté et de dégradation très avancée. D'âge très affirmé, elle a subi et continue à subir, à ce jour, une importante surcharge humaine qui a fini, avec le temps et le manque d'entretien et l'irresponsabilité affichée par certains, de lui faire perdre, chaque jour qui passe, une partie d'elle-même.

Les promenades dans ce vieux quartier apportent un sentiment d'abandon devant l'état délabré causé par les multiples agressions.

Chaque intempérie sème l'angoisse et apporte son lot de destructions.

Des informations recueillies auprès des services de l'A.P.C. font apparaître que depuis l'année 1999 à ce jour, 480 familles occupant 124 habitations au total ont été relogées à :
- Bekira et Sarkina : 180 familles ;

- La ville Ali Mendjeli : 300 familles ;
- 279 autres familles occupant 58 bâtisses seront incessamment transférées vers la ville nouvelle d'Ain El-Bey.

C'est dire les dégâts importants occasionnés à ce haut lieu de la mémoire de la capitale de l'est qui, de l'avis de nombreux urbanistes, a franchi le stade de la clochardisation.

Préoccupées davantage par la résorption de la crise du logement dont souffre une bonne partie de la population constantinoise, les autorités locales et la population, assistent, impuissantes à la disparition graduelle de ce patrimoine, mémoire de Constantine, qui n'a fait l'objet d'un classement comme patrimoine culturel national qu'en 1992.

Pour sauvegarder ce qui peut l'être, il a été décidé, dès le début de l'année 2003 de louer les services d'une équipe d'experts italiens issus d'une université renommée dans le domaine de la préservation et de la réhabilitation des constructions anciennes. Ces experts auront pour mission d'élaborer un plan pour la restauration et la réhabilitation de la vieille ville.

Mais la situation du foncier permettra-t-elle de mener à bien et à terme cette opération dont l'intérêt et l'importance n'échappent à personne ? En effet, dans cette partie de la ville, « la complexité du foncier n'est pas faite pour faciliter une gestion optimale de la dégradation de quartiers plusieurs fois centenaires. Les maisons édifiées il y a plus de cinq siècles à la Souika, posent le délicat problème juridique de la transmission et du partage de l'héritage entre de nombreux descendants qui n'habitent plus la Médina ».[60]

Il est grand temps que les travaux soient lancés, car chaque jour qui passe voit un pan entier de ce patrimoine disparaître.

---

[60] L'Est Républicain du 04.03.2003.

Conclusion

La situation de la déliquescence dans les cités, les déficits en logements sociaux, l'urgence dictée par les menaces des glissements de terrains, la prolifération des bidonvilles dont l'éradication est une nécessité absolue, la vétusté de l'ancien cadre bâti de la ville, les chalets en préfabriqué dont la durée de vie est dépassée, toutes ces difficultés dénotent une situation des plus préoccupantes de Constantine que seuls des moyens financiers colossaux et la volonté des hommes viendront à bout.

Son centre, trop exigu, difficilement accessible et vers lequel tout converge, concentre l'ensemble des services. Conçu au départ pour une population n'excédant pas 100 000 habitants, il n'est plus en mesure de supporter le flot quotidien de son demi-million de résidents et celui des populations issues des agglomérations de la région. Les timides tentatives de transfert de certaines activités vers les quartiers périphériques pour l'aérer (ex : artisans installés au quartier du Bardo) n'ont point donné les résultats escomptés, le centre étant toujours le lieu de prédilection des usagers.

Le réseau routier intérieur est lui aussi saturé, particulièrement aux heures de pointe. L'affluence de la circulation automobile, l'exiguïté de certaines artères telles la rue Ben M'hidi et la rue Didouche Mourad, le manque d'espaces réservés au stationnement sont autant de désagrément auxquels doivent faire face les usagers (automobilistes et piétons).

Pour remédier à cette situation et également à l'urbanisation rapide et à la production de Z.H.U.N, grands ensembles démunis de toute vie urbaine et d'infrastructures, grands consommateurs d'espaces vides (urbanisables ou non) les pouvoirs publics ont décidé le redéploiement vers les villes satellites qui d'après les études effectuées par les autorités démontrent que celles-ci peuvent répondre aux problèmes de croissance de la ville de Constantine.

CHAPITRE 2 :

Analyse du groupement de Constantine et sa pertinence dans la crise urbaine de la ville mère

Durant l'année 1975, et suite à la forte poussée urbaine, des décisions ont été prises afin de transférer les extensions et les activités encombrantes de la ville mère vers des communes limitrophes qui, par leur voisinage et leur proximité forment un ensemble géographique cohérent, appelé « **groupement des communes de Constantine.**»

La position géographique centrale de Constantine place ces communes dans son champ d'attirance et subissent le poids de celle-ci en fonction de leurs dispositions et deviennent par voie de conséquence ses satellites. Ces dernières (El Khroub, Ain Smara, Didouche Mourad, Hamma Bouziane) qui forment un triangle d'urbanisation (Fig.6) composant le « Grand Constantine.» répondaient aux besoins de la métropole. L'urbanisation accélérée de ces centres se développera dans des axes préférentiels et on assiste à un développement « tentaculaire » qui, si aucune mesure n'est prise pour mettre un terme à la construction de zones d'habitat à forte concentration urbaine, débouchera sur une « conurbation » et mettra en péril les terres agricoles fertiles dont le rétrécissement va en s'accroissant.

En outre, l'analyse du plan directeur d'urbanisme (P.U.D.) du groupement, élaboré par l'URBACO de Constantine a démontré que les satellites ne pouvaient répondre aux besoins de croissance de Constantine que pendant une durée bien déterminée. C'est pourquoi, il nous a paru important, dans une logique méthodologique, d'approfondir notre champ d'investigation sur le groupement en question.

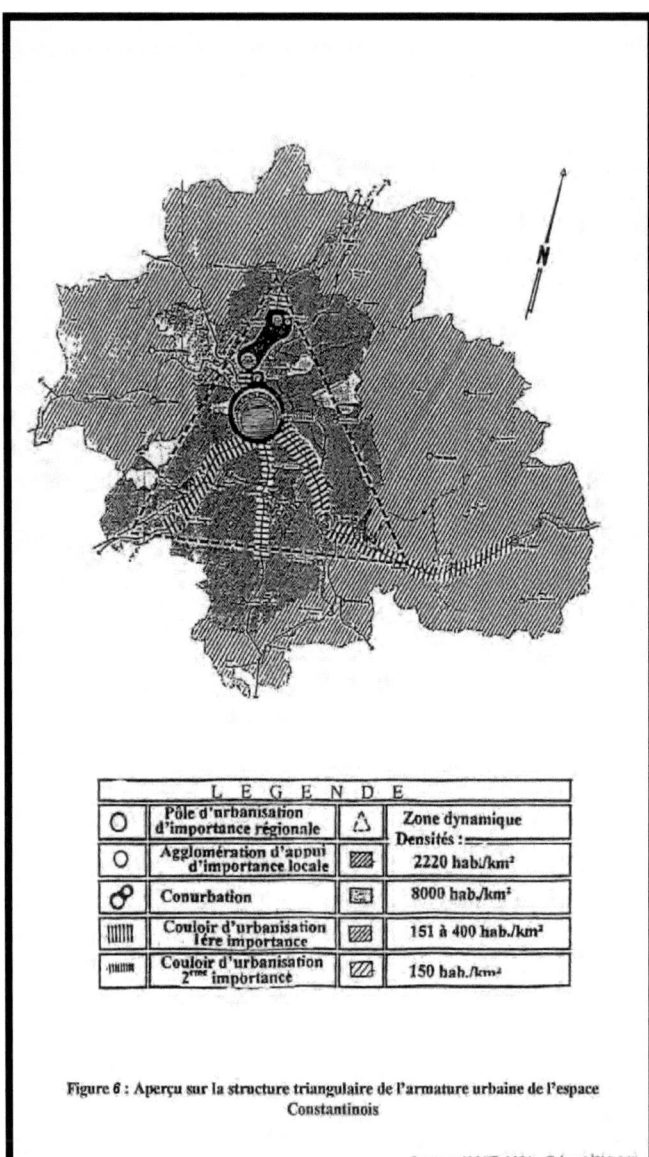

LEGENDE			
O	Pôle d'urbanisation d'importance régionale	△	Zone dynamique Densités :
O	Agglomération d'appui d'importance locale	▨	2220 hab./km²
⚭	Conurbation	▨	8000 hab./km²
|||||	Couloir d'urbanisation 1ère importance	▨	151 à 400 hab./km²
⋅∥∥∥	Couloir d'urbanisation 2ème importance	▨	150 hab./km²

Figure 6 : Aperçu sur la structure triangulaire de l'armature urbaine de l'espace Constantinois

Source : ANAT, 1994 – Ech. : 1/500 000

II.2.1. Situation géographique du groupement de Constantine

Le groupement de Constantine jouit d'une position géographique remarquable avec au centre, Constantine entourée des quatre communes suscitées. Ces dernières situées dans son champ d'attirance, subissent le poids de la ville mère en fonction de leurs dispositions. Elles présentaient, avant l'implantation d'importants complexes industriels, un caractère typiquement agricole.

II.2.2. Croissance démographique et politique d'habitat dans le groupement

Devant la saturation du site de Constantine, le report de la croissance s'est effectué sur les satellites proches. Anciennes localités rurales elles ont été projetées sur la scène locale pour solutionner les problèmes qui secouent Constantine. Il nous a donc semblé utile de communiquer, à travers le tableau n°27 des données susceptibles d'éclairer leur situation.

a- *Ain Smara*

Ancienne bourgade agricole coloniale, cette commune dont la superficie est de 123,81km² abrite une population de 24 036 habitants, soit 3934 ménages. Un site de 360ha a vu l'implantation d'un complexe de pelles, grues et compacteurs entièrement réalisé par une firme allemande. Même une Z.H.U.N. de 5000 logements a été réalisée dans cette cité.

Tableau n°23 : Comparaison entre la population de 1977 à 1998 d'une part et les logements de 1987 et 1998 d'autre part.

Population					Logements			
R.G.P.H. 1977	R.G.P.H. 1987	R.G.P.H 1998	R.G.P.H. 1987	T.O.L 1987	R.G.P.H. 1993 (Estimation)	T.O.L. 1993 (Estimation)	R.G.P.H (Occupés)	T.O.L. 1998 (Occupés)
5760	13 595	24 036	2720	05	3512	8,4	3281	6,29

Source : D.P.A.T, 2000.

(A noter que les logements inoccupés ou non réceptionnés en 1998 ne sont pas compris : soit 1264).

b- *El Khroub*

Ancien marché à bestiaux. Deuxième ville de la wilaya après Constantine, d'une superficie de 255km², elle reste le pôle le mieux adapté pour organiser la partie sud de la wilaya. Celle-ci abrite une population de 90 222 habitants représentants 14 664 ménages. Cette cité a nettement évolué. Sa population a plus que triplé par rapport à celle de 1977 et le nombre de logements a été multiplié par un et demi par rapport à celui de 1987. La métamorphose de cette agglomération débuta à partir des années 1970 par l'implantation d'un complexe de montage de tracteurs au lieu-dit Oued Hamimine, d'un centre régional de redistribution des hydrocarbures, d'une zone industrielle, d'une cité universitaire, d'un institut d'études vétérinaires.

Quant à l'habitat, il a bénéficié d'une part très importante notamment par la réalisation de Z.H.U.N. qui ont complètement "englouti" le noyau colonial qui fait actuellement office de centre.

c- *Didouche Mourad*

Village agricole colonial. D'une superficie de 115,70km², cette commune abrite une population de 33 213 âmes, soit 5344 ménages. Elle a également bénéficié d'une cimenterie d'une capacité d'un million de tonnes et d'un programme important de logements.

d- *Hamma Bouziane*

Ancien verger de Constantine. Cette commune dont la superficie est de 71,18km² a une population de 58 397 habitants, soit 9111 ménages.

Tableau n°27: Population et densité du groupement de Constantine

Groupement des communes	Situation Géographique	Superficie Km²	Population R.G.P.H. 1998	Densité Hab/Km²
Constantine	Est Algérien	183,00	478 837	2617
Aïn Smara	Sud-ouest de Constantine	123,81	24 036	194
El Khroub	Sud-est de Constantine	255,00	90 222	354
Didouche Mourad	Nord de Constantine	115,70	33 213	287
Hamma Bouziane	Nord de Constantine	71,18	58 397	820
TOTAL		748,69	684 705	914

Source : D.P.A.T., 2000.

Le tableau n°28 fait apparaître le taux d'accroissement de chaque commune du groupement de 1966 à 1998 :

Tableau n°28 : L'évolution de la population du groupement de Constantine

Communes	R.G.P.H. 1966	R.G.P.H. 1977	T$_A$ en % 66 - 77	R.G.P.H. 1987	T$_A$ en % 77 - 87	R.G.P.H. 1998	T$_A$ en % 87 - 98
Constantine	254 916	350 384	3,1	449 602	2,52	478 837	0,57
Ain Smara	2082	4300	6,8	13 595	12,20	24 036	5,32
El Khroub	9529	21 300	7,59	50 786	9,80	90 222	5,36
Didouche Mourad	3564	9200	9,00	16 547	6,05	33 213	6,54%
Hamma Bouziane	12 879	23 384	5,57	38 222	5,04	58 397	3,93%
TOTAL	282 970	408 568	3,40	568 752	3,36	684 705	1,70

Source : D.P.A.T. 1998.

Il est à noter que les fluctuations du taux d'accroissement de la population du groupement de 3,40% (1966/1977) à 3,36% (1977/1987) et à 1,70% (1987/1998) expliquent parfaitement les mutations démographiques qu'a subi l'espace constantinois. Celles-ci sont tributaires des conditions historiques, politiques et de la nature de l'évolution économique du pays.

L'étude prospective réalisée par l'A.N.A.T. estime comme l'indique le tableau n°29, une population totale de l'ordre de 1 300 000 habitants à long terme (an 2015).

Tableau n°29 : Estimation de la population à long terme: 2015

Communes	Taux d'accroissement				Population Totale			
	1987 1995	1995 2000	2000 2005	2005 2015	R.G.P. H. 1987	R.G.P.H 1998	2000	2015
Constantine	3,09	1,78	0,42	1,19	449 602	478 897	568 000	652 760
Ain Smara	11,92	7,78	12,02	6,80	13 596	24 036	40 000	136 180
El Khroub	6,15	7,47	9,34	5,84	50 786	90 222	129 000	355 560
Didouche M	2,77	5,51	4,81	3,98	16 547	33 213	34 000	63 500
Hamma B	2,52	3,13	1,20	1,17	38 222	58 397	65 000	77 500
TOTAL	14,53	18,62	27,79	18,98	523 052	1 253 884	836 000	1 285 500

Source : A.N.A.T. 1996.

A cet effet, il est important de prendre en considération l'évolution démographique dans la programmation urbaine future de logements, d'équipements et d'infrastructures de base et cela pour satisfaire les besoins de la métropole.

A l'heure actuelle, les réserves foncières de la ville de Constantine sont très limitées. La prise en charge des populations ne peut se faire que dans la mesure où une stratégie cohérente traduisant les options volontaristes est définie en matière de planification économique et spatiale.

Par ailleurs, le rapport du Conseil National Economique et Social (C.N.E.S.) de 1995 sur l'habitat insiste sur le fait que « …l'habitat n'est pas uniquement l'hébergement (logement) ». Il poursuit en matière de stratégie d'habitat en précisant que « la vision archaïque qui consiste à faire l'amalgame entre la politique de l'habitat et celle du logement (ou plus précisément celle de la construction) dans la production du cadre de vie du citoyen est l'illustration parfaite de l'échec dans la conception, la traduction et la gestion de nos villes. ».[61]

La stratégie recommandée ainsi par le C.N.E.S. relative à l'habitat devra s'articuler autour des deux axes principaux qui constituent l'habitat, les équipements et les logements sans omettre :

- L'amélioration de la qualité des logements selon les fonctions et les rôles de chaque centre organisateur :
  - Logement promotionnel pour les pôles suivants : Constantine, El Khroub, Ain El Bey, Ain Smara ;
  - Logement social pour les pôles de : Didouche Mourad, Hamma Bouziane et les centres locaux de la métropole.

- L'amélioration du taux d'occupation par logement :
  - 5 personnes par logement pour : Constantine, Ain El Bey, El Khroub;
  - 5,5 personnes par logement pour : Hamma Bouziane, Ain Smara, Didouche Mourad;
  - 6 personnes par logement pour les autres centres.

- La typologie de l'habitat devra s'adapter à chaque milieu où elle évoluera ;

---

[61] C.N.E.S, 1995 : Rapport relatif au projet de stratégie nationale de l'habitat, 59p.

- Le rattrapage du déficit cumulé en programme logements (tableau n°30) et la résorption de l'habitat précaire sont les préoccupations majeures dans cette stratégie.

L'espoir de voir ces vœux exaucés semble encore loin du fait que la demande dépasse largement l'offre. En effet, la précarité de l'habitat (immeubles qui menacent ruine suite aux glissements de terrains, la vétusté du cadre bâti) à laquelle il est nécessaire d'ajouter les demandes de la seule commune de Constantine, n'est pas prête de recevoir une solution dans un proche avenir, si l'on considère les réalisations de l'année 2001.

« La Wilaya de Constantine dispose d'un nouveau parc de logements de 34 625 unités inscrites dont 15 985 sont en cours de réalisation au 1er janvier 2002 et 11 226 unités livrées au 31.12.2001 parmi lesquelles figurent 8000 logements destinés au relogement des ménages touchés par le glissement. La répartition de ce parc se présente comme suit :
- Total des logements inscrits : 34 625 ;
- Livraison au 31.12.2001 : 11 226 ;
- Nombre de logements en cours au 1er.1.2002 : 15 985 ;
- Prévision livraison année 2002 : 7 002 ;
- Prévision livraison du $1er.$1.2002 au 31.3.2002 : 1350. ».[62]

---

[62] D.U.C.H., Constantine, 2002.

L'intention de parvenir à une amélioration du taux d'occupation du logement n'est pas pour sitôt, loger les cas sociaux étant d'abord une priorité absolue.

Tableau n°30 : Estimation du parc logements à réaliser dans le groupement de Constantine/2000 - 2015

Groupement	An 2000					An 2015
	Programme en cours	Programme projeté	Programme Additif	Parc précaire	Lots à réaliser	Parc à réaliser
Constantine	5439	1076	25 267	11 638	43 420	17 960
Ain Smara	1790	107	1509	556	3962	1172
El Khroub	4670	50	5084	1380	11 184	13 340
Didouche. M	4190	364	-	904	5458	3566
Hamma. B	2443	424	176	416	3459	3848
TOTAL	18 532	2021	32 036	14 894	67 483	39 886

Source : A.N.A.T. 1996.

II.2.3. Les secteurs économiques et les réseaux de communication du groupement

II.2.3.1. Secteurs économiques – Fig.7 -

II.2.3.1.1. Secteur primaire : agriculture, eau :

La superficie agricole du groupement des communes de Constantine est estimée à 77 820ha répartis comme suit :

Tableau n°31 : Répartition générale des terres agricoles/1997 – 1998.

Communes	S.A.U. en ha		Parcours en ha	S.A.T. en ha	Forêt en ha	Terrains infertiles	Superficie totale
	Total	Dont irriguée					
Constantine	7950	69	5010	12 960	2400	3240	18 600
Ain Smara	7180	62	4795	11 975	2825	400	15 200
El Khroub	18 110	235	4322	22 432	2048	820	25 300
Didouche Mourad	7500	118	3450	10 950	100	350	11 400
Hamma Bouziane	5200	766	1580	6780	110	430	7320
TOTAL	45 940	1250	19 157	65 097	7483	5240	77 820

Source : D.P.A.T., 1998.

S.A.U. : Superficie Agricole Utile. S.A.T. : Superficie Agricole Totale

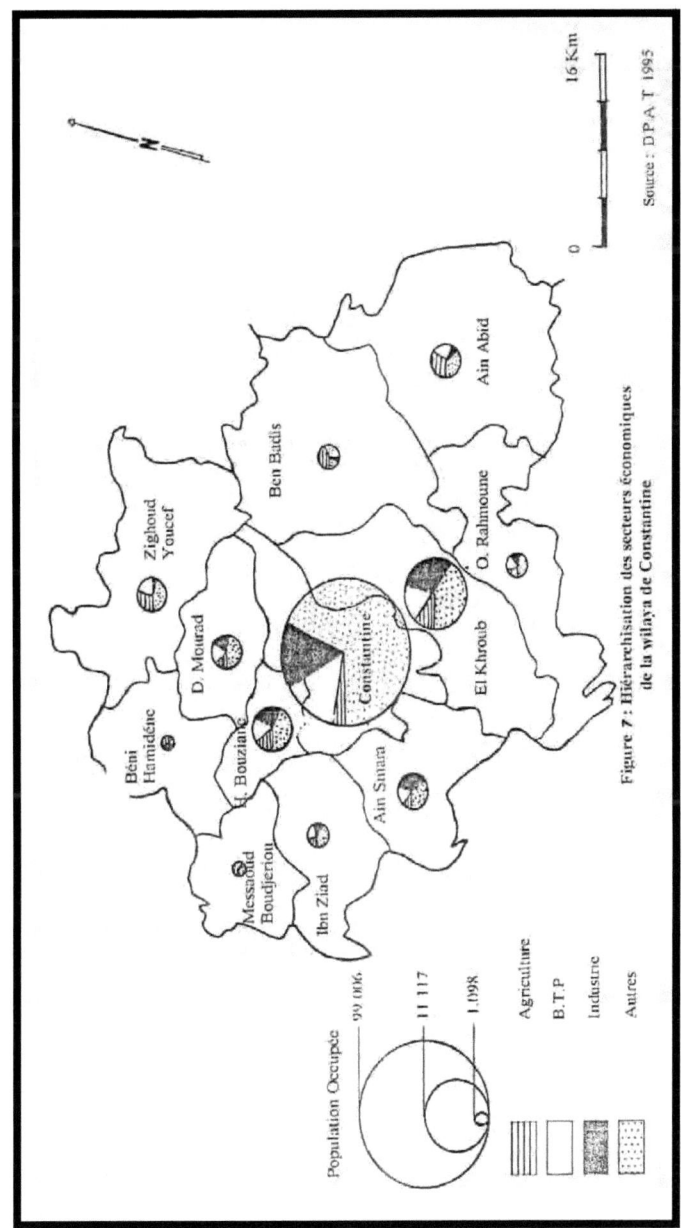

Figure 7 : Hiérarchisation des secteurs économiques de la wilaya de Constantine

Pour ce qui est des potentialités en eau potable et celle destinée à l'industrie du groupement des communes, l'analyse de l'état actuel révèle des insuffisances dont l'importance impose la nécessité d'élaborer un schéma de propositions pouvant répondre aux besoins en eau.

Des estimations évaluées en 1993 ont fait apparaître que le débit des ressources mobilisées pour le groupement, soit pour plus de 600 000 habitants, s'élevait à 1255,5l/s. Ce qui donne une dotation de 1568,84l/s. Les besoins théoriques étaient déjà estimés à la même époque à 2161,35l/s, soit un déficit de 905, 85l/s. Pour résorber le déficit d'ici l'an 2015, les pouvoirs publics ont lancé des recherches en vue de trouver d'autres ressources : forages existants non exploités. Le barrage de Béni Haroun (en voie de réalisation), situé sur l'axe Constantine-Jijel, est la plus grande infrastructure hydraulique en Algérie, et de par sa conception il constitue l'une des plus grandes réalisations au monde en béton compacté, soit un volume de 1 500 000m^3 de béton.

D'une capacité de stockage d'eau de près d'un milliard de m3, il constitue le point névralgique du grand projet d'interconnexion destiné à couvrir en alimentation en eau potable et d'irrigation, les régions du Constantinois et des Aurès, soit six wilaya de l'est qui recevront les eaux du barrage. Il assurera, dès sa mise en service qui est prévue pour l'année 2003, les besoins excédentaires en eau de tout le groupement de Constantine.

II.2.3.1.2. Secteur secondaire: industrie – B.T.P. – Energie.

Le rôle économique quant à lui, a pris de l'importance avec l'édification, à la périphérie des satellites, de complexes industriels d'envergure nationale. La création des zones industrielles au niveau des satellites n'est pas à priori en mesure de leur assurer une autonomie de fonctionnement mais permet bien plus une intensification des mouvements pendulaires des travailleurs.

A côté des grands complexes industriels spécialisés dans la construction mécanique, les matériaux de construction, l'agroalimentaire et les textiles, des unités beaucoup plus modestes ont été créées : charpente métallique, quincaillerie, mobilier métallique, produits rouges, etc.

Par ailleurs, le secteur B.T.P. occupe un choix dans le développement économique et social. Les disponibilités des matériaux de construction et les besoins considérables dans le domaine de la construction font de l'activité du B.T.P une des bases économiques du groupement des communes.

Dans le domaine de l'énergie, la wilaya de Constantine et entre autre le groupement est dotée d'un réseau énergétique de haute importance. Les atouts offerts en ce domaine sont à la hauteur de l'importance de la métropole. C'est ainsi que le niveau d'électrification a atteint dans chaque commune du groupement le taux suivant: Constantine (95,37%), El Khroub (83,40%), Ain Smara (79,36%), Didouche Mourad (79,40%), Hamma Bouziane (84,98%).

L'alimentation en gaz naturel concerne les foyers des principales agglomérations (Constantine : 59,70%), (El Khroub : 54,38%) et ceux des satellites situés au voisinage du gazoduc qui traverse la wilaya (Ain Smara : 49,93%), (Hamma Bouziane : 19,31%), (Didouche Mourad : 35,50%).

II.2.3.1.3. Secteur tertiaire

Le rôle régional de Constantine, son histoire et ses spécificités culturelles sont autant d'éléments déterminants, de la qualité et du niveau de développement des services particulièrement dans les domaines du commerce, de la recherche scientifique (un pôle universitaire de recherche de niveau national), des communications, de l'information (station régionale de télévision, une station de radio), des transports, des banques, des assurances, des administrations, des entrepôts, des services, etc.

Pour ce qui est des activités commerciales, « le secteur public possède de grandes capacités mais totalement non utilisées. »[63] Quant au secteur privé qui est concentré dans les centres urbains, il se consacre beaucoup plus aux produits de base. Le commerce de gros est concentré surtout au niveau de la vieille ville (90%) et approvisionne la wilaya et toute la région de l'Est.

II.2.3.2 Réseaux de communication :

II.2.3.2.1. Infrastructures de base:

<u>*a- Réseau viaire*</u>

Le groupement de Constantine dispose d'un réseau important qui peut assurer les liaisons entre la métropole et les villes satellites par les routes nationales : RN.3, RN.5, RN.27, RN.79. En plus de ce réseau, la nouvelle liaison autoroutière est - ouest qui est en cours de réalisation va renforcer ce dispositif. Cette voie de contournement passe par les 4 communes de : Constantine, El Khroub, Ain Smara, Didouche Mourad. Le groupement est également desservi par un réseau de chemins de wilaya : CW.101, CW. 131, CW. 133.

Il est à noter que le groupement est doté de deux gares routières qui lui permettent la connexion avec le réseau interurbain.

b- Réseau ferroviaire

Le chemin de fer renforce la liaison entre Constantine et ses satellites. En effet, quatre communes sur cinq sont reliées entre elles par une ligne ferroviaire. Rattachée à celle reliant Annaba à Alger, elle dessert Didouche Mourad, Hamma Bouziane, Constantine, El Khroub.

La commune d'Ain Smara qui n'est reliée à aucune ligne de chemins de fer, n'est point isolée par rapport aux autres communes. En effet, la situation privilégiée (RN.5) fait d'elle un point de passage obligé de tous les véhicules qui empruntent l'axe Constantine-Alger.

c- Réseau aérien

Le groupement des communes possède un aéroport international (Mohamed Boudiaf à Ain El Bey) qui assure de très importants services à l'intérieur du pays et joue un rôle de grande

---

[63] A.N.A.T., 1996 : plan d'aménagement de la wilaya de Constantine, mission I, bilan diagnostique et orientation d'aménagement, 259p.

importance dans les relations exogènes. Cette infrastructure stratégique vient d'être dotée d'une deuxième piste destinée aux grands transporteurs ; le nombre de voyageurs en partance de cet aéroport en 1999 s'élève à 538 019 dont 209 448 pour des destinations étrangères.

Il convient de préciser que la partie orientale de l'Algérie du Tell dispose de 3 aéroports (Constantine, Tébessa, Batna) dont le classement du trafic reste à définir dans une politique d'aménagement du territoire cohérente pour cette région du pays.

Une précision mérite d'être signalée : en 2003, seule la compagnie « Air Algérie » continue d'activer, toutes les autres ayant cessé.

II.2.3.2.2. - Télécommunications

Le tableau n°32 fait apparaître clairement la répartition, à travers le groupement des capacités et des branchements téléphoniques :

Tableau n°32 : Répartition des capacités et branchements Téléphoniques par commune.

Groupement	Capacité	Lignes	Demandes en instance	Densité lignes 1000 hab
Constantine	64 000	49 256	11 212	100
Ain Smara	4000	2300	655	89
El Khroub	8000	7259	2957	75
Didouche M	3000	1225	972	34
Hamma B	4152	1572	1540	25
TOTAL	83 152	61 512	17 336	323

Source : D.P.A.T. 1998.

Quatre centraux téléphoniques implantés à Constantine (3) et à El Khroub (1) sont chargés d'assurer le service.

II.2.4 Les potentialités foncières et l'urbanisation future du groupement

D'après l'étude réalisée en 1996 par l'A.N.A.T, la wilaya de Constantine possède une réserve foncière non négligeable. Le tableau n° 33 permet de connaître la disponibilité en terrains urbanisables du groupement des communes :

Tableau n°33 : Disponibilités en terrains urbanisables – Groupement.

Communes	Terrains disponibles en ha
Constantine	603,00
Ain Smara	70,90
El Khroub	600,00
Didouche Mourad	150,80
Hamma Bouziane	25,00
Total	1449,70
Plateau d'Ain El Bey	1500,00
Total général	2949,70

Source : A.N.A.T. 1996.

De la lecture des données foncières, il ressort que Constantine en particulier, dont la population croît d'année en année et les problèmes colossaux et multiples auxquels elle doit faire face, enregistre le plus grand déficit, c'est à dire une forte demande en terrains urbanisables, suivie des autres communes. Mais le site contraignant, le relief accidenté se prêtant mal aux extensions, la préservation nécessaire des terres agricoles sont autant d'éléments dissuasifs qui n'incitent guère à l'exploitation de ce portefeuille foncier.

Pour l'an 2013, la population du groupement atteindra, d'après les estimations, 1 287 760 habitants. Pour cela, il faudra prendre en considération l'accroissement de la population dans la programmation future en matière de logements et d'équipements (tableau n°36) afin de satisfaire les besoins des résidents de toutes les communes du groupement. Aussi, nous constatons que les exigences de terrains urbanisables en matière de programmes logements se concentrent essentiellement sur la ville mère : 57,16% pour le moyen terme (2003), et 56,58% pour le long terme (2013). Il est à noter que les réalités foncières de la commune de Constantine ne peuvent même pas résoudre les besoins en logements pour le moyen terme, l'assiette foncière étant de 603ha alors que le besoin est de 1174,65ha (2003) dont une bonne partie ne peut pas être utilisée tant les contraintes imposées par les sites sont nombreuses.

En résumé, les sites des cinq communes du groupement présentent des caractéristiques qui ne permettent pas d'exploiter l'ensemble du portefeuille foncier dont elles disposent :

- Constantine : Situation inconfortable due aux contraintes physiques qui caractérisent l'espace, à savoir un site tourmenté, versants à pentes raides, des zones sensibles soumises aux glissements ;
- El Khroub : Les terrains les plus aptes à l'urbanisation se situent pour l'essentiel sur la partie sud du plateau d'Ain El Bey (ville nouvelle) à l'est et au nord – est de la ville d'El Khroub ;

- Didouche Mourad : Les espaces à urbaniser se situent dans la partie orientale de la ville et au sud vers Ksar Kellal et Sidi Arab ;
- Hamma Bouziane : dont la vocation est éminemment agricole, il n'y a que le plateau de Bekira qui offre quelques disponibilités ;
- Ain Smara : l'importante réserve de terrains constructibles que recèle cette localité est située sur le plateau d'Ain El Bey (ville nouvelle). L'assiette urbaine de la ville repose sur un sol de très bonne qualité agricole et toute extension du périmètre urbain ne peut que porter préjudice à l'agriculture.

Ainsi, pour sauvegarder leurs propres ressources foncières et préserver les terres agricoles, les satellites qui ont subi les contre coups de la métropole ne peuvent plus se permettre d'accueillir l'excédent du chef-lieu de wilaya, leur préoccupation étant de penser à l'avenir de leurs populations dont le nombre croît d'année en année.

Ces affirmations sont corroborées par une comparaison entre les disponibilités en terrains urbanisables (tableau n°35) et les besoins en terrains d'urbanisation (tableau n°34) :

Tableau n°34 : Besoins en terrains d'urbanisation

Groupement de Constantine	Programmation urbaine en ha – Moyen et long terme					
	En 2003			En 2013		
	Logements	Equipements	Total	Logements	Equipements	Total
Constantine	1025,25	149,40	1174,65	886,80	354,97	1241,77
Ain Smara	114,07	16,38	130,45	115,50	47,80	163,30
El Khroub	321,10	34,49	355,59	293,05	92,56	385,61
Didouche M	165,92	10,72	176,64	88,40	22,20	110,60
Hamma B	165,35	17,14	182,49	183,64	48,62	232,26
TOTAL	1791,69	228,13	2019,82	1567,39	566,15	2133,54

Source : U.R.B.A.C.O., - P.D.A.U. du groupement de Constantine, pp. 5-148.

De la comparaison du tableau précédent (n°34) et du suivant (n°35), il ressort que les besoins en terrains urbanisés, à urbaniser et d'urbanisation future sont nettement supérieurs aux disponibilités foncières urbanisables dégagées par le P.D.A.U. dont la situation a été arrêtée au 31 décembre 2002.

Le groupement de Constantine possède plusieurs équipements à caractère régional ou local qui répondent aux besoins d'une partie de la population. Cependant, les équipements se concentrent au centre du groupement (le chef-lieu de wilaya).

La surface programmée pour les besoins de la commune de Constantine en équipements (2003) qui est de 149,40ha représente 65% de la superficie totale. La ville mère exerce sur ses pôles un phénomène de domination. La concentration dans la ville mère des équipements importants et des services a engendré des déséquilibres spatio-fonctionnels. Les satellites et leurs alentours souffrent d'un manque d'équipements (administratifs, de commerces, de loisirs, sanitaires, socioculturels) et l'incapacité de ces derniers à répondre aux besoins quotidiens. Ce qui les a conduits à devenir des villes dortoirs.

Par ailleurs, en vue de montrer les liens fonctionnels existants entre Constantine et ses satellites et de déterminer le degré d'intégration des nouveaux arrivants dans le lieu de leurs nouvelles résidences implantées dans les nouvelles extensions, une enquête a été menée en 1977 par M. Larouk, professeur à l'Université de Constantine (publication en arabe non datée : « les dimensions du développement urbanistique de la ville de Constantine et les mécanismes d'urbanisation des satellites »).

A la question relative à la notion de rapports entre les nouveaux habitants et leur nouvel environnement, les réponses suivantes ont été données :

- "21% seulement reconnaissent avoir noué des relations importantes et permanentes avec ce qui les entoure ;
- 79% prétendent n'avoir aucune relation avec leur nouvel environnement, cette réponse étant justifiée par :

    *Leur installation dans leur nouvelle zone d'habitation étant récente ;

    *La période passée dans leur nouvelle résidence, très insuffisante, ne leur a pas permis de tisser des liens avec leur nouvel environnement ;

- Défaut d'infrastructures et de services qui encouragent et facilitent l'établissement des rapports avec cet environnement. Cette dernière affirmation est constatée d'une manière tout à fait particulière à Ain Smara où pour 81% de la population questionnée, le logement est l'unique et le principal lien qui les retient dans cette localité."

Il est également apparu, dans les réponses données que 54% des habitants des nouvelles zones d'extension des satellites continuent à entretenir des relations étroites et permanentes avec l'environnement de leur ancienne résidence (relations de voisinage, de travail, d'amitié ou d'habitude).

Contrairement aux aspirations tant attendues et à l'espoir placé dans les actions entreprises, l'éclatement de Constantine sur ses satellites n'a pas eu les effets escomptés, à savoir décongestionner le centre et transférer le surnombre. En effet, les extensions ont fait accroître la concentration urbaine tant au niveau de la métropole qu'au niveau de ses satellites. Mélange et confusion règnent dans ces communes. Ces extensions qui n'ont pas été sérieusement pensées ont aggravé davantage la situation dans laquelle elles se débattent.

Ces satellites où se sont créées des zones d'activités accompagnées de Z.H.U.N., le plus souvent au détriment des terres agricoles, se sont développés pour résoudre, avant tout, un problème de disponibilité de terrains. Sous équipés, ils constituent de véritables cités dortoirs et incitent les habitants à continuer, comme par le passé, à grossir le flot des citoyens qui se déversent quotidiennement au centre de la ville de Constantine pour prendre d'assaut les équipements et autres services.

De tout ce qui précède, Constantine parviendra-t-elle, un jour, à être décongestionnée et à offrir, comme par le passé, une atmosphère beaucoup plus sereine aussi bien au citadin qu'au voyageur ? Sera- t- elle en mesure, si une solution pensée et réfléchie est proposée et appliquée dans les plus brefs délais, de reprendre la place privilégiée qui lui revient dans le concert de la Nation et la fonction véritable de métropole de l'Est, tant sur le plan administratif et universitaire, que culturel et commercial qu'elle a toujours remplie ?

Conclusion

L'état de crise du tissu urbain de la ville de Constantine, la saturation du site, suite au phénomène de concentration urbaine autour du chef-lieu de wilaya, l'instabilité des sols, la poussée démographique, l'exode rural, l'habitat précaire, le vieux bâti, les besoins croissants de la population et le conflit entre la protection du patrimoine agricole et le processus d'urbanisation à croissance accélérée ont conduit à un déséquilibre au sein de la commune.

Ces phénomènes conjugués ont généré une multitude de problèmes qui se résument ainsi :
- Une situation alarmante du parc logements qui accuse un déficit de près de 40 000 unités :
    - Près de 16 000 unités sont touchées par les glissements de terrain ;
    - Des bidonvilles estimés à près de 10 000 baraques ;
    - 3500 logements de la vieille ville en état de ruine ;
    - Déficit dû à l'accroissement naturel de la population estimé à 10 000 logements.
- Un grand déséquilibre entre l'offre et la demande foncière entraînant la prolifération de plusieurs sites informels sous équipés, situés en majorité sur des terrains instables ou à haute potentialité agricole ;
- Asphyxie de la ville de Constantine due à la concentration de la majorité des activités au centre, à l'exiguïté des rues et

à la dégradation du réseau routier provoquant de grands problèmes de circulation et de transports.

Cette situation a incité à un règlement des problèmes non point en termes d'aménagement du territoire, mais plutôt de recherche de terrains urbanisables.

De ce fait, il a été entrepris un report de croissance vers les quatre satellites du groupement de Constantine, possédant à l'origine une structure villageoise (Ain Smara, Didouche Mourad, El Khroub, Hamma Bouziane).

Cette urbanisation a eu pour conséquence première une augmentation très poussée du taux de concentration, donc accélération du phénomène d'urbanisation, au niveau des chefs-lieux des communes, provoquant ainsi un déséquilibre dans la répartition de la population. Le double flux auquel ont été soumises celles-ci est motivé par l'exode rural d'une part et l'excédent urbain de la ville de Constantine d'autre part.

En second lieu, elle a consommé la grande majorité des terrains disponibles, engendrant ainsi des ensembles d'habitations anonymes, sous équipés, incitants les occupants à se déplacer quotidiennement vers le centre d'origine.

L'insuffisance d'espaces disponibles destinés à la construction prouvait que ce choix était discutable et qu'il ne pouvait répondre aux exigences de l'urbanisation à long terme, sachant que le processus actuel d'urbanisation conduit à une conurbation dont la principale conséquence est le rétrécissement de l'espace agricole.

Devant l'incapacité des satellites d'agir davantage et dans le souci de ces derniers de ne pas hypothéquer l'avenir, devant la situation préoccupante qui prévaut à Constantine et pour résoudre les problèmes auxquels est confrontée cette métropole, il a été décidé le report de l'urbanisation de cette cité en particulier, vers le plateau d'Ain El Bey.

C'est ainsi que de l'option d'une ville nouvelle à laquelle ont vite souscrit les autorités compétentes, il a été décidé à partir de 1990 de mettre à exécution l'urbanisation du plateau d'Ain El Bey situé à 15km au sud de Constantine.

Les études confiées à l'U.R.B.A.C.O., ont conclu à la faisabilité de ce projet, le site choisi remplissant tant en qualité qu'en quantité, toutes les conditions requises pour une réalisation aussi ambitieuse : terrain plat, vierge, à faible valeur agricole. Approuvé par les instances nationales, il constitue à priori une solution urbaine qui répond aux besoins d'extension de l'agglomération de Constantine.

Qualifié de « bouée de sauvetage » et arrivé à un moment où toutes les potentialités sont épuisées, ce projet pourrait être d'un grand apport pour solutionner les problèmes de la métropole et l'espace constantinois, si une politique urbaine clairvoyante (locale et régionale) est prédéfinie au préalable.

TROISIÈME PARTIE
LA VILLE NOUVELLE D'AIN EL BEY (ALI MENDJELI) : ÉTAT DE RÉFLEXION ET ENJEUX D'UNE URBANISATION FUTURE DE L'ESPACE CONSTANTINOIS.

CHAPITRE 1 :

Les villes nouvelles entre Orient et Occident et position de l'expérience urbaine algérienne en matière de villes nouvelles

La ville nouvelle, thème qui révèle une grande richesse conceptuelle, constitue dans tous les pays des laboratoires d'innovations. La conception de ville nouvelle, c'est à dire ville parfaite, exerça toujours une certaine fascination sur les architectes, les urbanistes, les sociologues, les géographes et autres professionnels.

Toute ville a un commencement. Au moyen âge les villes nouvelles s'appelaient : les Bastides ou des Villes-neuves ; leur naissance était dictée par un motif politique ou militaire.

Plusieurs villes ont été créées dans le temps telles que ROME, JERUSALEM, ATHENES, villes mythiques ayant occupé une place politique importante dans l'histoire.

« Les villes nouvelles créées ex-nihilo que l'on connaît le mieux sont celles d'Egypte : KANOUN en 2000 avant Jésus-Christ, TELL et AMARA qui eurent un fort marquage religieux des espaces, ainsi qu'une grande régularité. ».[64]

Actuellement, la fonction d'une ville nouvelle est considérée comme une alternative aux problèmes urbains. Contrairement au moyen âge, la création d'une ville nouvelle est guidée, durant les temps modernes, non pas par des considérations militaires ou politiques mais par des motifs purement économiques.

La ville nouvelle se définit aujourd'hui comme une ville programmée, pensée et voulue dans le cadre d'une stratégie régionale. C'est une ville planifiée dont la création a été décidée par voie administrative, en général dans le cadre d'une politique d'aménagement.

« La ville nouvelle connaît toute une variété de formes répondant à la configuration physique particulière, à l'environnement économique, aux caractéristiques sociales ou aux situations politiques dans lesquelles elle se trouve. ».[65]

Les villes nouvelles sont différentes d'un pays à un autre, d'une région à une autre, selon les objectifs assignés et les méthodes de développement utilisées.

Les objectifs des villes nouvelles contemporaines sont divers tels que :

- Les villes nouvelles implantées hors des régions urbanisées, à des fins industrielles, exemple : L'ex-Union soviétique ; Pologne : complexe sidérurgique de Nowa Huta près de Cracovie ;
- Les nouvelles capitales implantées à l'écart des grandes agglomérations pour des raisons de politique intérieure, exemple : Brasilia ;
- Les villes nouvelles situées en continuité spatiale d'une agglomération sans volonté d'indépendance entre la ville nouvelle et la ville mère ; exemple: les villes suédoises : les nouveaux quartiers de Stockholm ;
- Les villes nouvelles situées dans l'environnement d'une métropole, sans continuité, dans le but de

---

[64] Chaouch BN, 1996, p129.
[65] Chaline C, 1975 : 9 villes nouvelles une expérience française d'urbanisme, collection aspect de l'urbanisme, Bordas, 207p.

décongestionner cette dernière. C'est le cas des villes nouvelles d'Ile de France et d'Egypte : Cergy pontoise, Evry, Marne la vallée, Six octobre, Madinat Badr.

Les objectifs ainsi assignés à la ville nouvelle permettent-ils de donner une 'définition unique possible du terme « ville nouvelle »?[66]

Dans le même ouvrage sus-cité, l'auteur mentionne que « la coutume veut que cette appellation ne soit pas protégée et qu'on désigne ainsi les villes qui se réclament de cette qualité ou auxquelles l'opinion publique la décerne. Si on voulait être plus rigoureux, on devrait ne considérer que les opérations d'urbanisme ayant fait l'objet d'une décision volontaire et pour la réalisation desquelles des mécanismes et des moyens spécifiques ont été mis en place. ».[67]

Par contre Chaline Claude n'est pas parvenu à donner une définition précise quant au terme ville nouvelle : « Force est de constater qu'il n'existe, au plan général, aucune définition satisfaisante permettant de décerner sans ambiguïté le label ville nouvelle. ».[68]

---

[66] Merlin P, 1997 : Les villes nouvelles en France, Ed PUF, collection Que sais-je ? 127p.
[67] Merlin P, Idem, p4.
[68] Chaline C, 1985 : Les villes nouvelles dans le monde, Ed PUF, Collection Que sais-je ?,129p.

III.1.1. Les villes nouvelles entre Orient et Occident

Face aux dégradations du paysage urbain, à la croissance démesurée des villes et de leurs faubourgs, aux problèmes sociaux qui caractérisaient les villes d'Europe, que prit naissance une nouvelle vision de la création urbaine : la création de ville nouvelle, en réaction avec l'urbanisme anarchique déterminé par la révolution industrielle. Cette dernière a « soudain changé les rapports qui existaient entre la campagne et la ville depuis les débuts de la civilisation. ».[69]

Le XIXè siècle considéré comme un siècle "malade", dont les conséquences de la révolution industrielle ont provoqué :

- L'extension de la cité traditionnelle au-delà des remparts ;
- Le développement des moyens de communications et de transports ;
- Une révolution démographique ;
- Un exode rural en masse de la campagne vers la ville.

L'idée de base de la révolution industrielle était d'améliorer le cadre et la santé morale et psychique de l'habitant. Cette révolution a eu des séquelles perverses :

- La pollution, les maladies telle que la tuberculose, la crise du logement, la surpopulation du centre ancien, la dégradation du tissu urbain et ses conditions sanitaires et hygiéniques...

---

[69] FOURA M, 2003 : Histoire critique de l'architecture, évolutions et transformations en architecture pendant les 18è, 19è et 20è siècles, Alger, OPU, 314p.

Afin de mettre un terme aux conséquences désastreuses causées par la révolution industrielle, plusieurs mouvements ont essayé, mais en vain, d'y remédier tel que le mouvement sociétaire et hygiéniste. En 1820, Robert Owen propose des projets de villages modèles, précurseurs des cités jardins d'Ebenezer Howard. « Le mouvement des cités jardins, né à la fin du XIXè siècle, fera largement écho de ses idées à travers le monde et surtout au début du XIXè siècle, bien que son importance diminuera avec l'apparition des théories urbaines nationalistes du mouvement moderne. La théorie d'Ebenezer Howard persistera dans la planification urbaine de beaucoup de pays, particulièrement dans l'établissement de nouvelles villes jusqu'aux années 1970. ».[70]

Howard, journaliste militant du mouvement socialiste anglais, comme beaucoup de ses contemporains, condamne le cadre existant des grandes villes industrielles, précisément à Londres, la ville n'offrant pas de saines conditions de vie et de travail. Selon lui, il faut exercer une réforme de l'organisation sociale par le biais d'une conception nouvelle de la ville : la cité jardin ; il présente son projet en 1898 dans un livre intitulé 'Tomorrow : apeaceful path to real reform.'.

L'idée fondamentale de Howard était les deux aimants : ville et campagne. Ces deux aimants doivent être réunis en un seul et former une cité : « ville…construite dans un cadre rural et qui vise à offrir une alternative aux grandes villes et aux banlieues industrielles. ».[71]

---
[70] FOURA M, 2003: Ibid.
[71] CHOAY F, MERLIN P.

Etablie sur un plan radio-concentrique, localisée en pleine campagne, loin de toute grande agglomération, « la cité jardin anglaise, ou 'rurisville', serait statique mais autonome, entourée par son propre transport ferroviaire. Howard fixera une taille optimale de sa ville dont la population oscillera entre 32 000 et 52 000 habitants. En outre, ce modèle devait être restreint, provincial et autosuffisant. ».[72]

III.1.1.1.Expérience française

Le 22 juin 1965, sous l'autorité de Paul De Louvier, un schéma directeur d'aménagement et d'urbanisme de la région parisienne a été élaboré. Celui-ci avait deux objectifs à atteindre :

1- Elaboration d'une politique des villes nouvelles qui a pour but de résoudre le problème de congestionnement de l'agglomération de Paris, afin d'échapper au chaos d'une extension périphérique non coordonnée et de faire face à l'augmentation de la population métropolitaine qui passe de 9 millions en 1964 à près de 14 millions à la fin du siècle ;

2- Proposition de création d'une ceinture urbaine composée de cinq villes nouvelles en Ile de France, dans un rayon de 25 à 30km du centre de Paris : Cergy-Pontoise, Evry, Marne la Vallée, Melun, Saint Quentin en Yvelines.

« Le modèle d'Ile de France a pour but la continuité du tissu urbain, de favoriser l'intégration des villes nouvelles dans un système métropolitain de transports collectifs et situer, à un niveau plus

---

[72] FOURA M, 2003, Ibid, p75.

organique que morphologique, le caractère autonome de la ville nouvelle. ».[73]

Les villes nouvelles parisiennes sont considérées comme une nouvelle forme d'organisation urbaine, totalement autonome du centre. Par leur taille et leur proximité de Paris, elles relèvent d'une conception différente de celle des villes nouvelles anglaises de la première génération : trop petites, trop éloignées du centre.

En 1982, les cinq villes nouvelles implantées en Ile de France représentaient 5% de la population. En presque deux décennies elles ont pu fixer près de 400 000 habitants, soit environ le tiers de la croissance démographique de la grande couronne.

« Sur la plan spatial, les villes nouvelles de la région parisienne ont été voulues en continuité directe avec l'agglomération existante, pour contribuer à restructurer celle-ci, en particulier grâce à l'influence de leur centre urbain, centre plurifonctionnel conçu pour une fonction de sous régional. ».[74]

Les villes nouvelles françaises constituent la première expérience de banlieue planifiée ; elles se voulaient autre chose que les grands ensembles. Quelques quartiers sont des "dortoirs" mais la majorité d'entre eux combinent plusieurs activités et procurent aux habitants un incontestable "confort urbain".

---

[73] CHALINE C, 1985 : Les villes nouvelles dans le monde. Ed PUF, 127p.
[74] Merlin P, 1994, p4.

III.1.1.2. Expérience égyptienne

Le deuxième exemple à citer est celui des villes nouvelles du Tiers monde. La décision de créer une ville nouvelle dans un pays en développement est une réponse à plusieurs paramètres dont : la poussée démographique, l'exode rural, les pénuries en logements; c'est le cas des villes nouvelles autour de la grande métropole égyptienne : Le Caire.

La création de villes nouvelles est une réponse du gouvernement aux dysfonctionnements du marché du logement. Elles permettent de réduire le nombre des constructions illégales, surtout sur les terres agricoles et de décongestionner la capitale égyptienne.

Le premier schéma directeur a été élaboré en 1970 sous le règne de Anouar Sadat, proposant la création de six villes nouvelles autour du grand Caire, fondées sur un principe de très large autonomie par rapport à la ville centre. Parmi ces villes nouvelles nous citons : Dix de Ramadan – la première qui fut mise en chantier – Sadat City, Al Badr. Implantées en milieux désertiques et inspirés des expériences européennes, ces villes sont relativement éloignées du centre du Caire, soit une distance moyenne de 40km (fig.n°8). Cette distance permet d'éviter les migrations pendulaires et de fixer la population.

Le deuxième schéma directeur de 1981 propose une nouvelle génération de villes nouvelles : les villes satellites similaires aux villes nouvelles. L'objectif des nouvelles agglomérations du désert

Egyptien est de contrebalancer l'attraction que persiste à exercer la capitale : le Caire.

La relativité des suggestions proposées a amené à une troisième forme d'urbanisation. Selon le schéma directeur de 1983, cette nouvelle urbanisation appelée les « new settlements », s'inspire des expériences menées par la banque mondiale en Amérique Latine.

Malheureusement, ces tentatives n'ont pas encore abouti aux objectifs urbains tracés, la population cairote ne cesse de s'accroître et maintient son installation dans la capitale, ce qui explique le vide encore consenti des villes nouvelles égyptiennes.

D'autres villes nouvelles ont été édifiées dans le monde arabo-musulman, telle que : Shushtar en Iran qui abrite entre 30 000 à 40 000 habitants. Celle-ci est conçue pour tenir compte des conditions climatiques sévères de la région ainsi que de la topographie et du caractère particulier du site.

D'un pays à l'autre, chaque ville nouvelle est différente par : sa situation, les raisons de sa création et sa taille. Vouloir réaliser une ville nouvelle est un projet qui nécessite des moyens financiers importants et qui doivent être assurés jusqu'à la réalisation finale. Pour cela, avant toute démarche, il est nécessaire de faire un inventaire exhaustif des problèmes et des supports destinés à sa réalisation, de définir les objectifs à atteindre et de faire en sorte que le modèle des villes étrangères ne soit pas strictement suivi, chaque pays ayant ses spécificités propres, ses traditions, ses mœurs et sa culture

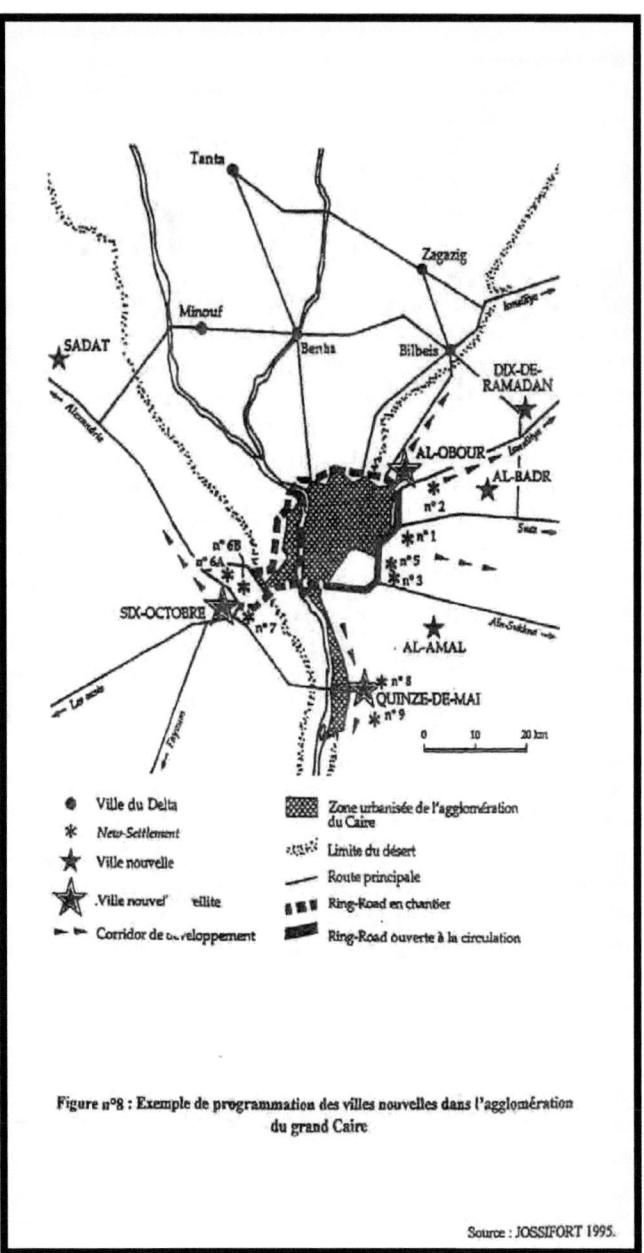

Figure n°8 : Exemple de programmation des villes nouvelles dans l'agglomération du grand Caire

Source : JOSSIFORT 1995.

II.1.3. Illustration de la politique des villes nouvelles en Algérie

Aujourd'hui en Algérie, face aux différents problèmes posés par les villes et notamment celles de la partie septentrionale du pays (Tell et Hautes plaines) un débat sur la ville en général est ouvert depuis un certain nombre d'années pour trouver une solution et adopter une stratégie apte à aplanir les difficultés.

A partir des années 1980, les pouvoirs publics ont opté pour une solution qui semble rationnelle et qui consiste en la création de villes nouvelles. Ce serait un projet volontaire, pensé et réfléchi et inséré dans le cadre d'une politique régionale qui a pour objectif la préparation de l'Algérie de l'an 2010.

La création de villes nouvelles en Algérie est guidée par une série de motifs ainsi énumérés :
- Relancer une nouvelle politique d'urbanisation chargée de répondre aux besoins pressants d'une population en pleine croissance ;
- Déficits en terrains urbanisables ;
- Faire face ou mettre un terme à l'urbanisation désordonnée qui ne répond à aucune normalité reconnue ;
- Préserver au maximum les terrains agricoles dont le dépècement s'accroît au fil des jours et dont la superficie diminue d'une décennie à une autre ;
- Rationaliser le coût d'investissement dans la politique de l'habitat et des équipements.

Seule alternative pour le pays, la ville nouvelle programmée permettra de résoudre la désarticulation du tissu urbain. L'idée de ville nouvelle est aussi un moyen d'organisation et d'orientation de l'urbanisme qui constitue un concurrent à la pression urbanistique que subissent les grandes villes et surtout un impératif dicté (tant politique qu'économique) dès la récupération de la souveraineté nationale.

Après l'indépendance, l'héritage colonial, conjugué avec les impératifs du développement, du déploiement des activités, de l'exode rural, a posé le problème d'une récupération et d'une réappropriation de tout le territoire national. (Programmes spéciaux, zones industrielles, zones urbaines d'habitat, lotissements, etc.) exprimant par-là les idées généreuses d'un projet de société malheureusement aux contours peu précis.

Cependant, la stratégie adoptée ne pourrait atteindre les objectifs assignés que dans la mesure où les autorités publiques parviendront, d'abord, à stabiliser la situation actuelle des villes et ralentir le flux migratoire qui se déverse dans les grandes métropoles et éradiquer le phénomène de « littoralisation » (concentration sur le littoral) et de « macrocéphalie » (extension importante des villes) qui caractérise le réseau urbain algérien.

A l'heure actuelle, 58,3% des 30 000 000 d'algériens sont concentrés dans les villes dont près de 3 000 000 autour d'Alger. Pour l'horizon 2010, le taux d'urbanisation pourrait atteindre les 75% et les régions du Tell et des Hautes Plaines pourraient atteindre 30 000 000 d'habitants. Les grandes métropoles, Alger,

Oran, Constantine, Annaba pourront également voir croître leur population jusqu'à atteindre 10 000 000 d'habitants.

« La politique des villes nouvelles est d'abord une réponse originale en tant que pôle d'organisation et de canalisation de l'expansion urbaine et un levier de desserrement de la pression urbaine autour des grandes villes. ».[75]

Il importe, dès lors, d'imaginer des stratégies de développement urbain et de rééquilibrage de l'armature urbaine fondées principalement sur :
- « Une répartition équitable des fruits de la croissance en assurant à chacun l'égalité des chances sur le territoire de son choix ;
- Une répartition intelligente des populations à travers les différentes régions du pays (Nord, Hauts Plateaux, Sud) ;
- Une préservation absolue des terres irriguées et de fortes potentialités agricoles ;
- Une plus grande maîtrise du système urbain autour des grandes métropoles ;
- Un développement organisé des villes moyennes pour équilibrer, par le bas, l'armature urbaine ;
- La création de villes nouvelles autour des métropoles, sur les Hauts Plateaux et le Sud. ».[76]

Cependant, les impératifs de développement et de déploiement d'une politique spatiale ainsi que les besoins de

---

[75] Demain l'Algérie, p305.
[76] Demain l'Algérie, p313.

croissance urbaine ont été tels que les villes nouvelles ont été créées sans que soient mises en œuvre les procédures et les moyens spécifiques qui caractérisent leur création.

Dans notre pays le concept relatif à la ville nouvelle qui est perçu comme un moyen de recours pour la maîtrise et la croissance d'organisation urbaine, repose sur la démarche et l'organisation suivantes :

a- *Premier niveau :*
- 1ere couronne : autour d'Alger ;
- 2ème couronne : Wilaya de Chelef, Ain Defla, Médéa, Tizi Ouzou, Bouira et Béjaia.

b- *Deuxième niveau :*
- 3ème couronne : Les Hauts Plateaux ;
- 4ème couronne : Le Sud.

III.1.3.1. Les villes nouvelles créées pour des raisons industrielles

L'exemple le plus illustrant reste celui de Hassi Messaoud. Située à 850km à l'extrême Sud-Est d'Alger (R.N.3) (Fig.09.A), elle constitue le plus important champ pétrolifère de l'Algérie (à partir du centre de collecte de Haoud El Hamra, à 20km de la ville, le pétrole est distribué vers le Nord, par oléoducs en trois directions : Arzew, Béjaia, Skikda).

La ville de Hassi Messaoud, créée à la suite de la première découverte du pétrole en 1956, classée urbaine lors du recensement de l'année 1998 abrite une population de 37 539 habitants contre 8293 en 1987. Son taux d'accroissement est de 14,39%. Elle est d'une organisation urbaine très dispersée (sur un rayon de 25km) et dont les composantes essentielles restent les bases de vie, les centres industriels, les puits et l'aéroport (Fig.09.B).

Il est à noter que cette cité industrielle assiste depuis 1985 à une urbanisation intense (nouvelles cités d'habitation, renforcement en équipements, reboisement. etc.) qui lui attribue les particularités d'une ville du Nord.

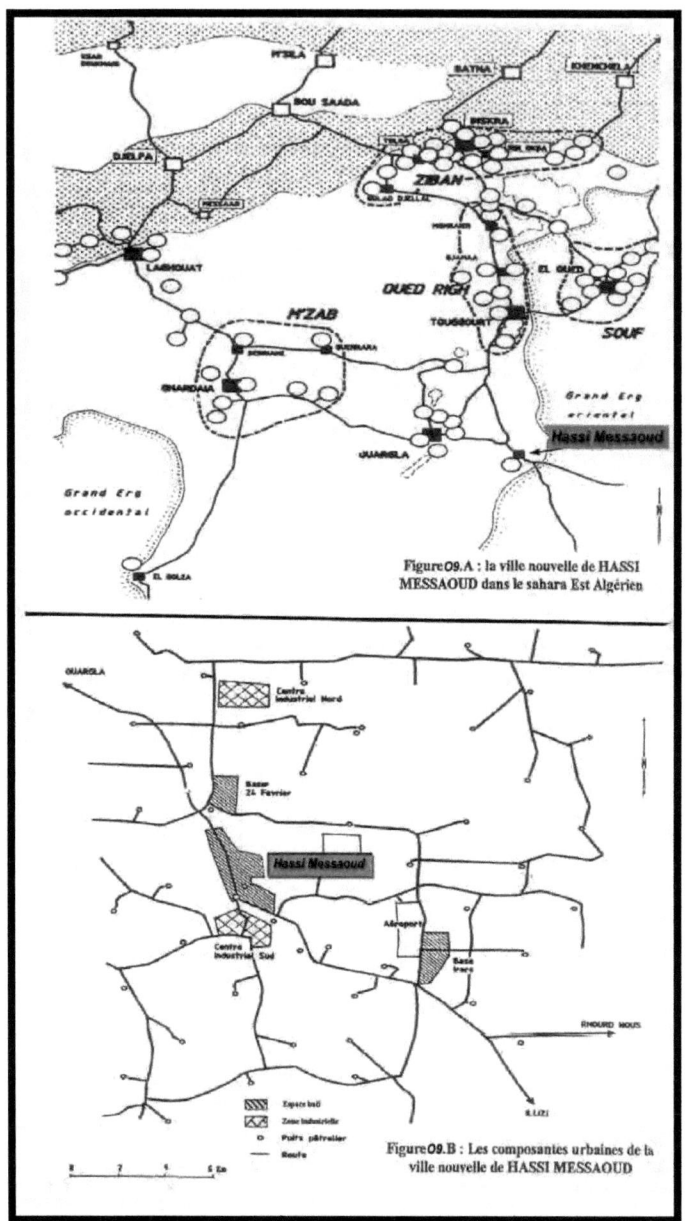

Figure 09.A : la ville nouvelle de HASSI MESSAOUD dans le sahara Est Algérien

Figure 09.B : Les composantes urbaines de la ville nouvelle de HASSI MESSAOUD

III.1.3.2. Les villes nouvelles créées pour décongestionner une métropole

Nous donnerons l'exemple de la ville de BOUMERDES, située à 50km à l'Est d'Alger (R.N.24) (Fig.10). Elle constitue l'une des premières options de villes nouvelles en Algérie. A cet effet, deux dates sont à signaler :

- 1961 : Installation du siège du pouvoir colonial et ce afin de marquer un repli stratégique par rapport à la capitale (Alger). A partir de 1962, Rocher Noir (.actuellement Boumerdès) se reconvertira en siège de l'Exécutif Provisoire, pour devenir et ce, pour une durée de 20ans, une cité des sciences, abritant l'institut des hydrocarbures de SONATRACH ;

- 1984 : Dans le cadre d'une politique de décongestionnement Est et Ouest de la capitale, Boumerdès est promue au rang de chef-lieu de wilaya. On assiste, alors, à un renforcement de la programmation urbaine et la population qui était de 600 habitants est passée de 15 001 habitants en 1987 à 28 480 habitants en 1998, soit un taux d'accroissement de 5,88% (classée urbaine lors du recensement de 1998).

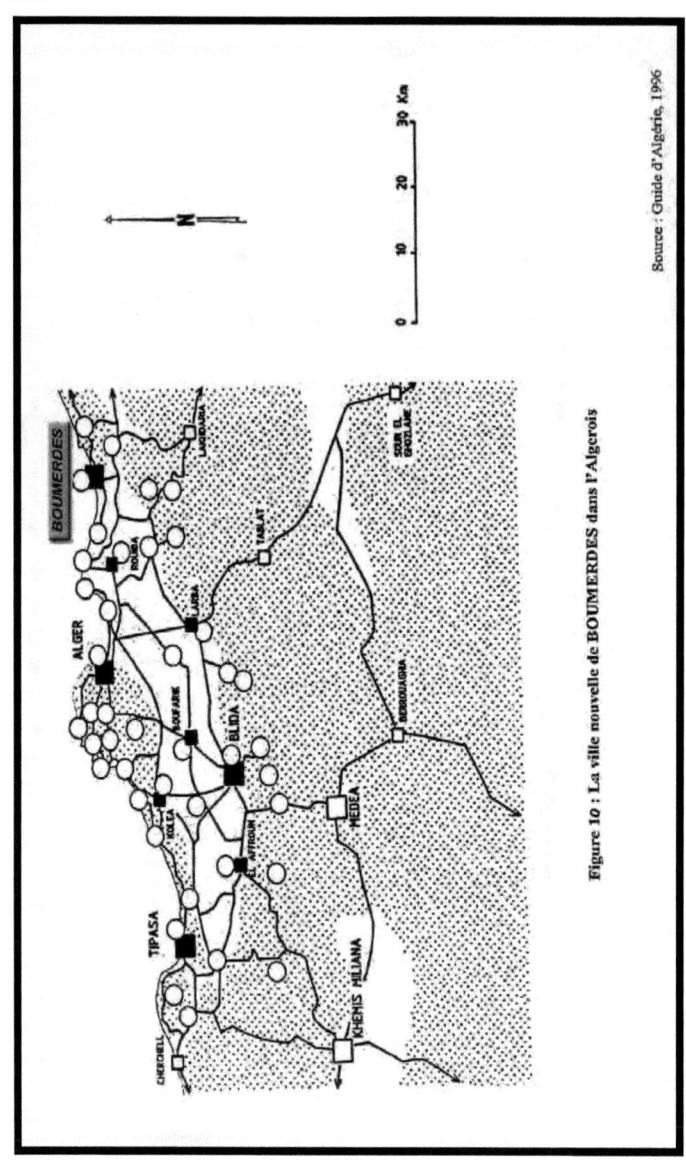

Figure 10 : La ville nouvelle de BOUMERDES dans l'Algerois

Source : Guide d'Algérie, 1996

III.1.3.3. Les villes nouvelles créées suite à une promotion administrative

Les exemples de cette catégorie de villes nouvelles en Algérie sont nombreux .De simples bourgades rurales, avant 1974, elles ont été directement promues au rang de chef-lieu de wilaya.

- Oum.El.Bouaghi : ce gros bourg rural situé à 108km de Constantine, a été propulsé en 1974 chef-lieu de la wilaya de même nom. (Fig.11 B). Classée Urbaine Supérieure, cette ville abrite au dernier recensement 47 835 habitants, soit un taux d'accroissement de 3,02% (population de l'année 1987 : 34 257).

- El.Tarf : située à 22km, à l'Est de la métropole de la sidérurgie, Annaba, sur la R.N 44 (entre Annaba et El Kala), cette bourgade promue, en 1984, au rang de chef-lieu de wilaya (Fig.11C).est habitée par 7885 personnes (R.G.P.H., 1998). Actuellement classée suburbaine elle totalisait en 1987 : 4402 habitants.

- Illizi : Sa position centrale, entre In Aménas, le Tassili, Djanet à l'extrême sud frontalier avec la Libye, lui a permis d'être élevée en 1984 au rang de chef-lieu de wilaya. Ville du grand sud algérien, elle est située entre l'Erg Issaouane et les plateaux du Tassili (Fig.11D). Classée suburbaine lors du recensement de l'année 1998, elle totalise 5969 habitants, soit un taux d'accroissement de 9,55% (population 1987 : 2144).

- Naama : petite halte entre Mécheria et Ain Sefra, située sur la route nationale n°6, au Sud d'Oran, elle a été promue en

1984 au rang de chef-lieu de wilaya, promotion qui émane d'une volonté de développement des zones steppiques (Fig.11A).Evaluée à 2374 habitants en 1987, sa population au 25 juin 1998 est de 6991 habitants, soit un taux de 10,10% (classée suburbaine).

Il convient de souligner que la rationalité qui caractérise l'implantation des villes nouvelles dotées de possibilités immédiates d'un projet d'organisation urbaine n'a pas été prise en compte pour le choix des villages ou hameaux promus au rang de chef-lieu de wilaya.

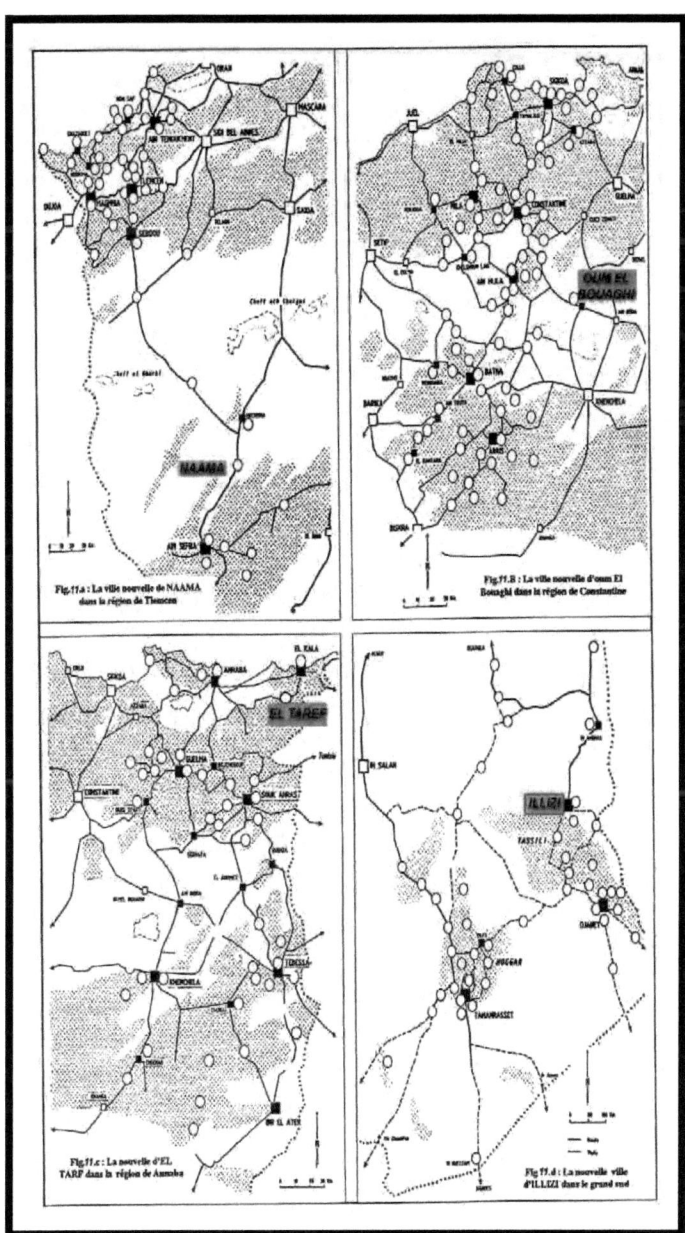

Fig.11.a : La ville nouvelle de NAAMA dans la région de Tlemcen

Fig.11.B : La ville nouvelle d'oum El Bouaghi dans la région de Constantine

Fig.11.c : La nouvelle d'EL TARF dans la région de Annaba

Fig 11.d : La nouvelle ville d'ILLIZI dans le grand sud

III.1.3.4. Les villes nouvelles créées dans une optique de rééquilibrage du territoire

C'est la première expérience du genre en Algérie; elle s'inscrit dans le cadre d'une démarche économique et territoriale comme un exemple d'aménagement volontariste retenu par les instances politiques conformément aux opérations de développement du pays.

La ville nouvelle de Boughzoul est localisée dans la partie centrale des hauts plateaux, située à 170km de la capitale, à l'intersection de deux grands axes de communication: l'axe Nord-Sud (RN.1), reliant Alger-Laghouat et l'axe Est-Ouest (RN.40), reliant M'Sila à Tiaret (Fig.12).

Par sa situation au centre du pays, l'objectif de la ville nouvelle de Boughzoul est d'équilibrer graduellement les effets attractifs de la capitale, et d'accueillir le transfert de certaines activités notamment administratives ou de formations concentrées à Alger et de résoudre l'excès en population de la capitale.

Le schéma de développement urbain de la ville nouvelle de Boughzoul est élaboré par l'A.N.A.T. L'agence a prévu un volume de 100 000 habitants, 27 500 postes de travail, 20 000 logements et une programmation en équipements à vocation commerciale et de service public.

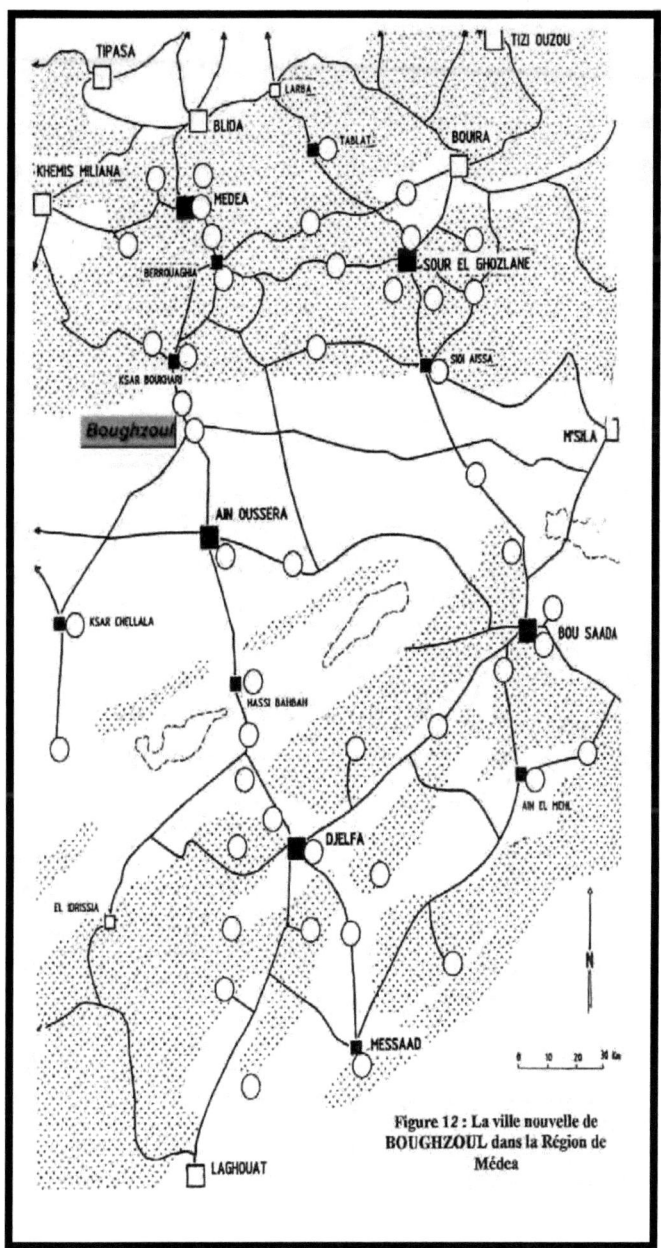

Figure 12 : La ville nouvelle de BOUGHZOUL dans la Région de Médea

III.1.3.5. Les villages socialistes

III.1.3.5.1. Les villages socialistes précurseurs des villes nouvelles en Algérie

Avant même que l'idée de ville nouvelle ne soit d'actualité où ne fasse son chemin et aussi avant la réalisation des agglomérations citées précédemment, un projet de grande envergure représentant un instrument très important de la Révolution agraire a été mis en application dès l'année 1972.

En effet, la distribution des terres aux paysans appelait un programme de logements en leur faveur. C'est ainsi qu'il a été décidé dès 1972 de l'implantation et de la réalisation de mille villages socialistes. La politique des villages socialistes qui s'inscrit dans la stratégie de la Révolution Agraire a pour objectif :

- De fixer les paysans sur leurs terres;
- De résorber le déficit qu'accuse le logement en zone rurale (en 1975, plus de la moitié des logements ruraux n'étaient pas construits en dur et 95% d'entre eux étaient dépourvus des équipements les plus élémentaires : eau, électricité, gaz, etc.);
- De promouvoir le socialisme.

Cette politique visait également :

- A lier le développement de ces entités aux actions de restructuration et de modernisation du système de production
- A transformer les conditions de vie et de travail des populations rurales ;

- A donner une vision nouvelle de l'aménagement du territoire et du développement régional.

Le village socialiste, "loin d'être une simple solution au plan de l'habitat, devient un élément et une résultante d'un processus de transformation portant à la fois sur les structures de la production et de la vie sociale. En effet, en fixant progressivement les attributaires et en les rapprochant de leur lieu de travail, ils contribueront beaucoup à l'amélioration de la production, en créant de nouvelles conditions de travail et de nouveaux rapports entre les travailleurs.

« Il doit être surtout un centre économique dynamique pour assurer son développement réel afin que les retombées agissent sur l'espace régional. Cette insertion est indispensable dans l'état actuel des campagnes ».[77]

La mise en chantier de ces villages socialistes débuta dès 1972, par la pose de la première pierre, par le Président Boumediene, du village socialiste d'Ain Nahala.

Philippe Adaire auteur de « Les villages socialistes algériens »:1972/1982 (p61) donne une importante précision qu'il a recueillie dans 'Révolution Africaine' :

« Le but n'est pas seulement la construction de mille villages pour la résolution des problèmes de l'habitat rural…….La question qui se pose est d'organiser l'urbanisme par des moyens scientifiques, afin de mettre fin à l'exode……..C'est également le

---

[77] Villages socialistes et habitat rural, Ed OPU, 134p.

début d'une transformation radicale de la société rurale........la formulation d'une conception de l'habitat rural en conformité avec les objectifs de la Révolution Agraire et l'édification du socialisme.

« Les textes de 1972 et 1973 proposaient une grande diversité de réalisation par leur dimension, l'importance de leur équipement, leur rôle local :

- Le village primaire : 100-200 logements, 700 à 1400 habitants ; élément isolé et autonome ;
- Le village secondaire : 250-300 logements, 1750 à 2450 habitants ; dispose d'activités supplémentaires de distributions et de services ; il peut communiquer plus facilement avec un plus grand nombre de centres habités ;
- Le village tertiaire : 400-700 logements, 2450 à 4900 habitants ; constitue un pôle d'attraction de toutes les activités : agricoles, industrielles, commerciales administratives. On doit y trouver une mairie, une polyclinique, un bureau de poste, des écoles, un C.E.M, une maison de jeunes, une mosquée, un Hammam. ».

Les traits caractéristiques du village apparaissent comme une transposition de la ville dans la campagne. L'architecture des maisons se caractérise par un style urbain. Les rues larges et les avenues spacieuses peuvent être assimilées à celles des grands centres urbains.

Tableau n°37 :"L'inscription, la réalisation et l'évolution des villages entre 1972 et 1981".

	Villages inscrits	Villages réalisés	Logements achevés
1972	-	-	-
1973 novembre	43	-	-
1974 novembre	95	10	-
1975 décembre	162	31	4800
1976 novembre	222	60	14 239
1977 mars	271	58	12 265
1978 décembre	383	101	19 397
1979 décembre	402	113	-
1980 juin	-	139	24 735
1981 juin	-	147	30 000

Source : Adaire P, p64.

Cependant, les efforts consentis n'ont pas obtenu les résultats escomptés. Le revenu insuffisant des villageois attributaires de la Révolution Agraire, a conduit ceux-ci à chercher un complément dans des activités extra-agricoles.

« Le village socialiste rompt le lien qui unissait l'agriculture et l'artisanat traditionnel. L'absence de revenus complémentaires suffisants, l'attraction exercée par le modèle urbain induit un fort exode parmi les jeunes ruraux plus exigeants ».[78]

Le fait également de ne pas disposer d'une étable et d'un jardin potager a favorisé l'émigration vers les plus grandes agglomérations (note n°3592 CH 74 du 18 décembre 1974 émanant du Ministère des Travaux Publics qui stipule : « dans le souci de garantir la réalisation de logements répondant aux traditions, mœurs et aspirations des populations rurales, l'unité d'habitation devra être conçue suivant les principes de composition et d'articulation des fonctions ci-après : habitation à un niveau (R.D.C) sans étable ni jardin potager ».

On peut affirmer que malgré les faibles résultats obtenus en matière de logements et dans la limitation de l'exode rural, les villages socialistes peuvent être qualifiés de précurseurs des villes nouvelles en Algérie. Par la présence d'équipements et de services, réservés habituellement aux villes, ils peuvent être considérés comme une opération d'urbanisation.

III.1.3.5.2. Aperçu succinct d'un village socialiste : Beni Chougrane - Tamesguida

Mutin G, dans son étude « Un nouveau village socialiste en Mitidja : Beni Chougrane-Tamesguida » décrit remarquablement les aspects aussi bien physiques qu'humains de ce village.

Programmé en 1972, implanté dans la Mitidja à 14km de Blida, mis en chantier le 2 octobre 1973, inauguré le 10 mai 1977, il est constitué de trois cents logements répartis en trois grandes masses, disposées autour d'une vaste place où se localisent services et équipements. Evaluée en avril 1978 à 1630 habitants, la population recensée en 1998 est estimée à 4616 habitants.

Le village est pourvu des équipements suivants (année 1978) :

---

[78] Adaire P : Les villages Socialistes Algériens : 1972/1982, in Révolution africaine 1976, P67.

- Administratifs : une antenne de l'A.P.C. de Mouzaia (ce village est rattaché à la commune de Mouzaia), un bureau de poste ;
- Socio-culturels : une école primaire de 12 salles de cours, une maison de jeunes, une aire de jeux ;
- Santé : un centre de santé ;
- Commerce : rassemblés au centre commercial : un café, un coiffeur, une épicerie, une boulangerie, un magasin de tissu et d'habillement, un dépôt de fruits et légumes.

Cependant, on peut affirmer que les équipements réalisés sont en deçà des besoins de la population ; ce village rayonne sur une bonne partie des fermes et des coopératives avoisinantes et est donc un centre fréquenté pour les achats mais aussi pour la scolarisation des enfants.

En conclusion, malgré l'insuffisance des équipements, « le village présente un exemple d'implantation réussi. Le village agricole assure une double fonction. Il est centre d'habitation. Il est aussi un élément essentiel de structuration du monde rural. ».[79]

CHAPITRE 2 :
La ville nouvelle Ali Mendjeli, une solution au chaos urbain de l'espace constantinois ?

---

[79] Mutin G, p133-141.

PRESENTATION DE LA VILLE ALI MENDJELI

- Superficie : 1500ha ;
- Capacité en logement : 48 000 logements ;
- Population prévue : 300 000 habitants ;
- Nombre de quartiers : 05 quartiers ;
- Nombre d'unités de voisinages : 20 U.V.

Tableau n°38 : Quartiers et U.V. de la ville Ali Mendjeli

QUARTIERS	UNITES DE VOISINAGE
N° 1	U.V. N° 01 – 02 – 03 – 04
N° 2	U.V. N° 05 – 06 – 07 – 08
N° 3	U.V. N° 09 – 10 – 11 – 12
N° 4	U.V. N° 13 – 14 – 15 – 16
N° 5	U.V. N° 17 – 18 – 19 – 20

REPARTITION DES SURFACES.

- Habitat : 450ha (net) ;
- Equipements : 350 (Y compris l'hôpital militaire et l'université) ;
- Espace vert : 160ha (parc d'attraction + jardin) ;
- Voirie : 420ha. (Y compris les boulevards, les voies primaires, secondaires et tertiaires).
    . Boulevard principal (emprise 80m) ;
    . Boulevard secondaire (emprise 50m) ;
    . Boulevard périphérique (emprise 38 m).

Source : A.P.C. d'El – Khroub (antenne de la ville Ali Mendjeli).

N.B : Les chiffres communiqués varient d'une source à une autre.

Avant d'entrer dans le vif du sujet qu'est la réalisation de la ville nouvelle d'Ain El Bey, il nous a paru essentiel de donner un aperçu très succinct sur le passé de l'ensemble du plateau, site de cette agglomération.

III.2.1. Le passé historique et processus d'urbanisation post-colonial du plateau d'Ain El Bey

III.2.1.1. Le passé historique

Malgré nos nombreuses investigations, les seuls éléments qui nous ont permis d'établir le passé du plateau d'Ain El Bey, sont le résultat de la compilation bibliographique des travaux de Stéphane GSELL sur les vestiges archéologiques en Algérie entre 1902 et 1911 (S. GSELL., 1997).

D'autre part, de l'entretien qu'a bien voulu nous accorder Madame la Conservatrice du Musée National de Constantine, il ressort que des fouilles effectuées à partir du 27.02.1994, (fouilles entamées à la suite de travaux d'aménagement d'un site, non loin de la nouvelle ville) ont permis de mettre à jour une nécropole romaine et des tombes. Mais les rares objets recueillis en dehors des lieux de sondages par les archéologues ne permettent malheureusement pas de donner une quelconque datation.

Par ailleurs, l'examen de la carte dressée par Goyt et dessinée par Accardo fait apparaître qu'Ain El Bey était connue depuis une période reculée sous le nom de *SADDAR*. (Fig.13). L'origine de ce nom serait-elle Numide ou Romaine ? La réponse ne peut être donnée, les documents consultés n'ayant fait aucune allusion.

En outre, toujours d'après les informations recueillies auprès de Madame la Conservatrice du Musée, le site élevé du plateau a permis à *SADDAR* d'être érigée, comme beaucoup d'autres centres qui gravitent autour de Constantine, en « Oppidum » (site fortifié) : cet Oppidum, qu'on pourrait qualifier dans le langage moderne, de poste avancé abritant des guetteurs, était chargé de la surveillance et d'assurer la sécurité de la métropole.

Selon les contes populaires SADDAR aurait été débaptisée, sous l'occupation turque pour prendre désormais le nom actuel, à savoir Ain El Bey en hommage à Salah Bey qui a gouverné le beylik de Constantine de 1771 à 1792. Ce dernier avait à son actif la mise en œuvre d'un vaste programme d'urbanisme: prolifération de constructions scolaires, établissement de nouvelles voies de communication, amélioration de l'approvisionnement en eau, plein essor de l'agriculture, du commerce et de l'industrie.

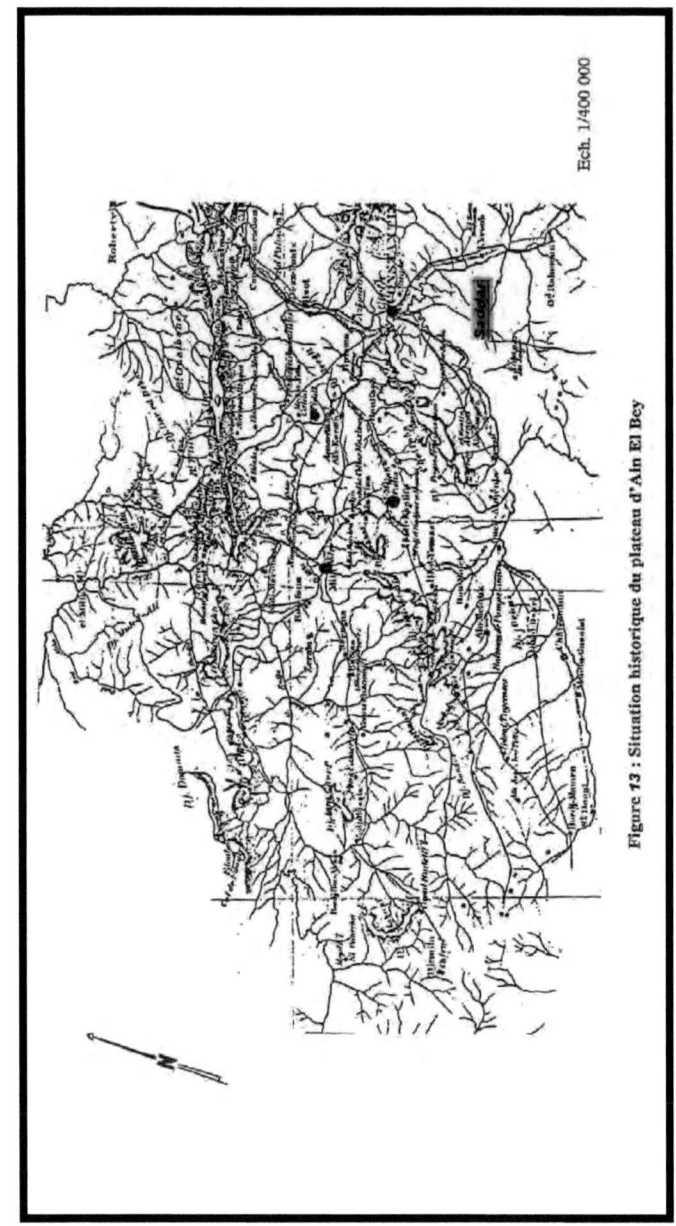

Figure 13 : Situation historique du plateau d'Aïn El Bey

Ech. 1/400 000

III.2.1.2. Urbanisation post–coloniale du plateau d'Ain El Bey avant le projet de la ville nouvelle

Pour mieux le situer dans le temps et dans l'espace, il nous a semblé important d'élaborer un essai chronologique sur le processus de son urbanisation.

Bien avant l'émergence de l'idée de construire une ville nouvelle, le plateau d'Ain El Bey, à l'origine rurale, est occupé par la céréaliculture. Les études faites par Monsieur CHARRAD S.E., ont le mérite de nous éclairer sur la naissance de nombreux centres ruraux dont celui du plateau.

Si l'étude de la première publication (n°U.25 du 01/09/96) s'est concentrée sur les débuts d'urbanisation de certains centres ruraux dont celui d'Ain El Bey, la seconde (1998, n°6) s'est longuement étendue sur l'urbanisation du plateau et ce, bien avant la décision de réaliser la ville nouvelle. Ces deux publications nous offrent la possibilité d'élaborer un essai chronologique de l'urbanisation de ce site.

C'est ainsi qu'au départ, l'urbanisation a eu pour origine « une ferme coloniale qui, après 1962, est devenue une ferme d'Etat ». Il est à signaler que l'autogestion est une forme d'exploitation collective créée et régie par les décrets de mars 1963, prélude à l'application du système socialiste en Algérie. Il y a lieu de préciser que « au milieu du siècle dernier, des tentatives de création de centre à Ain El Bey, en 1854 s'avérèrent sans effet. ». En outre, « en 1954 ces centres n'étaient que le siège d'une exploitation ne comportant tout au plus qu'une dizaine d'habitations ».[80]

En somme et comme il est stipulé précédemment, cette ferme est le point de départ et le noyau originel auxquelles sont venues se joindre plusieurs cités urbaines, disséminées çà et là. Le processus d'urbanisation post-coloniale du plateau se résume comme le montre le Tableau n°39 dans les points suivants :

Tableau n°39 : Processus d'urbanisation du plateau d'Ain El Bey
Période post – coloniale

Périodes	Opération d'urbanisation du plateau d'Ain El Bey
1962/1977	Aucune implantation nouvelle n'est signalée sur les terres du domaine autogéré
1978	30 lots d'une superficie de 250m² sont distribués aux travailleurs du domaine
1978/1980	il est à signaler le début et par la suite de l'arrêt des travaux d'un hôpital psychiatrique se situant à la limite septentrionale du plateau. C'est en réalité le premier élément bâti sur le plateau
1981/1982	Construction de l'Institut des Sciences de la Terre et aménagement des locaux de l'hôpital psychiatrique en cité universitaire
1983/1985	63 lots d'une superficie de 250m² sont distribués à des travailleurs Premier programme d'habitat: collectif (250 logements), individuel (169 chalets) constitueront la cité des Frères Ferrad. Se présentant comme un îlot sur le plateau qui ne préfigurait en rien les extensions futures, cette cité est dotée de quelques équipements et services commerciaux
1987	Le R.G.P.H. dénombre 1026 personnes pour près de 120 constructions
1988	Lancement d'une opération de grande envergure : mise sur le marché de près de 2000 lots qui doivent recevoir une zone d'habitat collectif de l'ordre de 3160 logements s'étendant sur 138ha
1989	Cinq promoteurs privés entament la construction de 578 villas. Les autorités locales chargent l'Agence foncière locale de préparer des lotissements promotionnels. Il s'agit d'Ain El Bey 1471 d'une superficie totale de 31,6ha) – de la cité des Frères Ferrad (670 lots de 33ha) – du plateau (449 lots occupant 18,4ha) – d'Ain El Bey 4 (235 lots pour une superficie de 13ha) – d'Ain El Bey 5 (210 lots sur une superficie de 10,2ha) et des Eucalyptus (393 lots occupant une superficie de 18,3ha), soit un total de 2428 lots et une superficie totale de 125ha
1991	Cette année atteste du degré d'intensification des actions d'urbanisation du plateau où on assiste ainsi à : - programmation de lotissement de parcelles de terrains à proximité des ensembles en voie de construction par des promoteurs fonciers et immobiliers privés : 250 lots. - Lancement à la même date d'un programme collectif par la C.N.E.P. destiné à ses épargnants : 520 logements implantés à proximité de la cité des Frères Ferrad. - Pose de la première pierre de la ville nouvelle d'Ain El Bey
	Début des travaux d'une route qui longe le contre bas de la falaise du plateau d'Ain El Bey et desservira la future cité administrative - Une opération de construction de logements dénommés

---

[80] Cherrad SE, 1998 : Constantine : de la ville sur le rocher à la ville sur le plateau. In Rhummel, n°6, pp49-55.

1994	« évolutifs » est engagée : 500 logements sur près de 40ha - Des lotissements sociaux sont engagés (778 lots sur 31ha.) - La population d'Ain El Bey est estimée à 1100 personnes pour 7ha et près de 140 constructions Début des travaux d'une route qui longe le contre bas de la falaise du plateau d'Ain El Bey et desservira la future cité administrative - Une opération de construction de logements dénommés « évolutifs » est engagée : 500 logements sur près de 40ha - Des lotissements sociaux sont engagés (778 lots sur 31ha.) - La population d'Ain El Bey est estimée à 1100 personnes pour 7ha et près de 140 constructions
1995	- Programme de 500 logements sociaux est lancé ; en outre une coopérative immobilière a réservé 150 lots - Le P.A.W. de Constantine est adopté. Il inclut la ville nouvelle d'Ain El Bey qui par contre n'est pas retenue dans le programme national des villes nouvelles
1996/ 1997	- Création d'une série de coopératives immobilières par des travailleurs appartenant à divers secteurs

Source : Résumé fait par l'auteur conformément aux données contenues dans les études effectuées par Mer Cherrad.

Le mouvement de développement et de croissance du plateau d'Ain El Bey s'est poursuivi à un rythme très soutenu, motivé en fait par le redéploiement de la ville de Constantine sur son arrière-pays.

Tableau n°40 : Evolution de la population du plateau jusqu'en 1998- Ville nouvelle non comprise -

Aggl omér ation	Logements			Ménag es	Populati on	Occupations		
	Usage professionne l	Logeme nt	Total			Agrico le	Autres	Total
Plateau d'Ain El Bey	46	3899	3945	2031	11 405	62	2258	2320

Source : R.G.P.H., 1998

Des équipements tels que des écoles primaires et complémentaires et un technicum ont été déjà réalisés dans les différents sites urbanisés, dont l'ex-centre rural qui est en train d'acquérir un nouveau statut et de se constituer en unité semi-urbaine.

Il s'agit en fait d'une urbanisation qui s'est concentrée davantage sur les franges méridionale et septentrionale. Quant à la partie centrale qui couvre près de 2000 hectares, elle sera certainement, elle aussi, appelée à la « rescousse » pour prendre en charge le « surnombre » d'une autre grande agglomération.

III.2.2. L'émergence de l'idée d'une ville nouvelle sur le plateau d'Ain El Bey

La création d'une ville ex-nihilo sur le plateau d'Ain El Bey est née pour pallier aux problèmes de saturation urbaine de la ville de Constantine et les agglomérations du groupement. Cette saturation, provoquée par l'accroissement de la population et l'indisponibilité de terrains urbanisables, traduit l'état de délabrement dans lequel se trouve la ville de Constantine et les satellites qui ont été appelées à la suppléer.

D'autres paramètres qui se rattachent particulièrement à la ville de Constantine ont favorisé l'idée de créer une ville nouvelle. Ces paramètres sont le résumé des problèmes déjà cités précédemment (deuxième partie, chapitre 1) : asphyxie des centres (concentration des équipements et services), sursaturation urbaine, indisponibilité de terrains, sous équipement des banlieues (cités dortoirs), croissance de la population, etc.

Cette ville nouvelle s'inscrit dans le cadre des prescriptions contenues dans le plan directeur d'aménagement et d'urbanisme du groupement de Constantine (P.D.A.U.). A cet effet, achevées à la fin de l'année 1982, les études ont été reprises sur décision du conseil des Ministres, réuni le 28 mai 1983 et approuvées par l'arrêté interministériel n°16 du 28 janvier 1988 et confirmées par le décret exécutif n°98/83 du 25 janvier 1998 portant approbation du plan d'aménagement et d'urbanisme du groupement de Constantine.

En décembre 1990, les autorités locales (Constantine) ont chargé le bureau d'étude U.R.B.A.C.O. d'engager les études de la ville nouvelle d'Ain El Bey. Leur objectif était de pouvoir affecter des terrains à des promoteurs immobiliers pour la réalisation d'un nombre important de logements sociaux et promotionnels.

L'urgence de la demande était justifiée d'une part, par l'impossibilité de trouver des terrains pour la réalisation du programme envisagé et d'autre part, d'éviter d'occuper les seuls terrains disponibles afin de prévenir une sursaturation des périmètres déjà urbanisés. Cette situation très hypothétique a été épargnée par le choix du lancement des études de la ville nouvelle et le transfert des programmes d'habitat sur le site de cette dernière qui constitue une réserve foncière très importante pour absorber la croissance urbaine prévue à long terme.

L'objectif assigné à la ville ex-nihilo (de Constantine) baptisée "Ali Mendjeli" par le décret présidentiel n°217/200 du 5 août 2000 est de rééquilibrer la croissance urbaine au sein du groupement de Constantine en limitant la taille des agglomérations et de prévenir, ainsi, la **conurbation**, **Métropole/Satellites** et de sauvegarder par là même l'espace agricole de haute potentialité.

D'une superficie de 1500ha, le site qui se situe sur le plateau d'Ain El Bey est vierge et caractérisé par la stabilité du terrain, sa platitude et ses caractéristiques géotechniques favorables (calcaire à alternance de limons rouges et de faible pente).

Les autres critères ayant motivé le choix de ce site sont :

- L'aisance dans la mise en œuvre ;
- La valorisation des tissus existants ou sites vierges ;
- La disponibilité en terrains urbanisables ;
- Sa situation privilégiée à la croisée des grands axes de communication et à proximité de l'aéroport international Mohamed Boudiaf ;
- La constructibilité des terrains et leur résistance (possibilité de réalisation de tours de 20 étages dont certaines sont en cours de construction).

Le territoire sur lequel est localisé le site est administré par les deux communes avoisinantes, communes appartenant au groupement de Constantine : Ain Smara (1/3 de la superficie) El Khroub (2/3 de la superficie).

III.2.3. Site et sitologie de l'assiette support de la ville nouvelle d'Ain El Bey

Situé au sud de Constantine, sur le plateau d'Ain El Bey dont l'étendue est de 5000ha, à la croisée de chemins entre Constantine, El Khroub et Ain Smara et à proximité de l'aéroport international Mohamed Boudiaf, le site devant recevoir l'implantation de la ville nouvelle, couvre une superficie de 1500ha et est porté sur une altitude moyenne de 800mètres. (Fig.14). Il est lui-même un grand carrefour où convergent plusieurs routes nationales (R.N. 79, R.N. 10, R.N. 3). Sa position est centrale aux grands centres urbains : Batna, Sétif, Skikda, Jijel, Guelma, Tébessa.

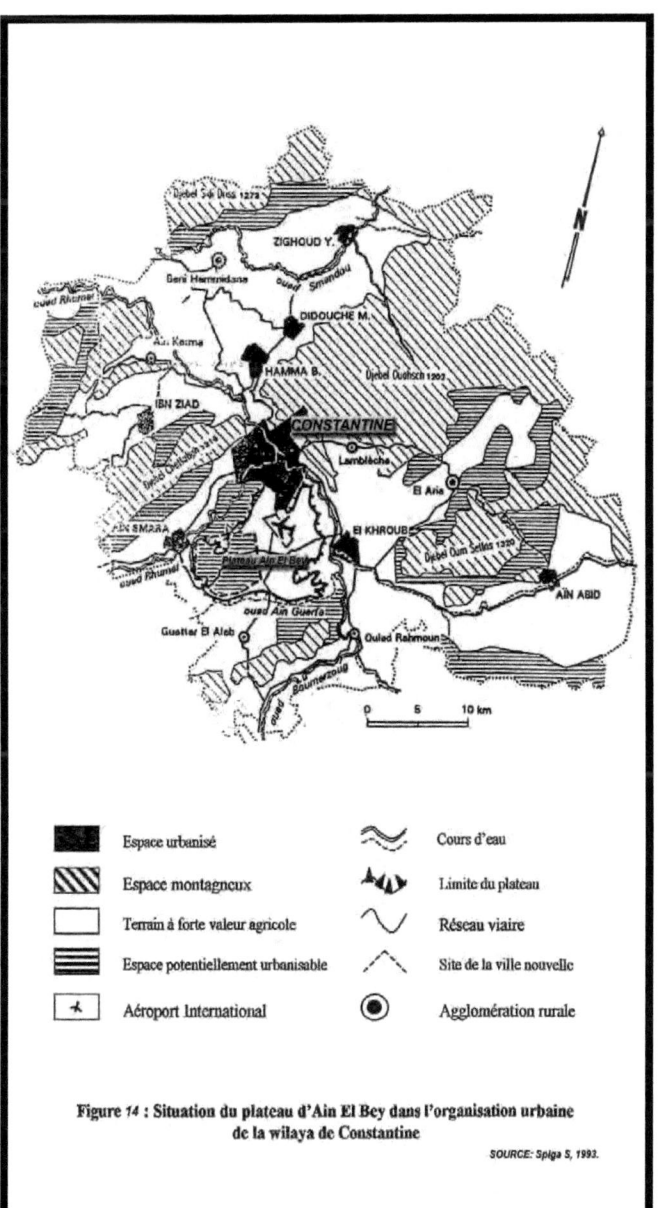

Figure 14 : Situation du plateau d'Aïn El Bey dans l'organisation urbaine de la wilaya de Constantine

SOURCE: Spiga S, 1993.

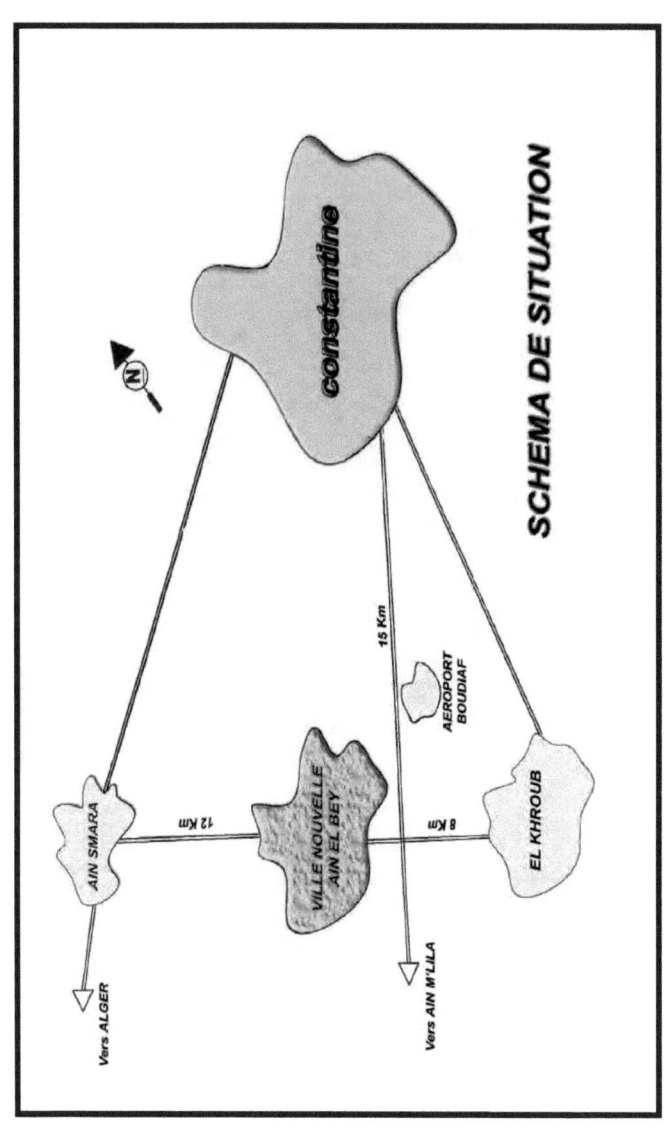

Source : Nadra NAIT AMAR

La forme du plateau est déterminée par les tracés des deux principaux oueds : le Rhummel et le Boumerzoug. Leur confluence délimite sa bordure Nord. A l'Ouest il se termine par un escarpement rocheux couvert de maquis qui le sépare d'Ain Smara. Vers l'Est-il descend régulièrement par des croupes marneuses jusqu'aux riches terrasses de l'oued Boumerzoug et de l'oued d'Ain Guerfa qui le sépare d'El Khroub.

III.2.3.1. Topographie et potentialités paysagères

Vaste, légèrement ondulé, disposant d'une topographie variée et à faibles pentes, sans contraintes majeures, il se prête facilement à l'urbanisation, son sol étant de très bonne constructibilité.

Par ailleurs, l'existence de «points culminants» autorise des perceptions visuelles très intéressantes, ce qui permet d'avoir des panoramas tant à l'intérieur qu'à l'extérieur. Il est à noter qu'au nord du site existent des endroits caractérisés par de très belles vues sur Constantine, El Khroub et Ain Smara.

Le relief du site d'Ain El Bey a pris une part importante dans la partie aménagement. L'étude paysagère a permis une connaissance approfondie du site et de ces caractéristiques (pentes, vues, paysages, etc.).

III.2.3.2. Climat

Le plateau d'Ain El Bey se distingue par un climat semi-aride, chaud en été et froid en hiver avec des vents nord-ouest dominants.

III.2.3.3. Etude géotechnique

Le travail sur site a permis d'établir une esquisse géotechnique partagée en zones suivant le degré de constructibilité.

Les terrains étudiés entrant dans le cadre du P.O.S. présentent un ensemble de monticules de même élévation avec des pentes variant entre 4% et 12%.

Après consultation de la carte géologique, les terrains du P.O.S. sont occupés par deux niveaux stratigraphiques qui sont :

- Le plio-villafranchien qui occupe la plus grande partie des terrains, est constitué par des calcaires travertineux durs, caverneux, rouges ou brunâtres, souvent de teintes très vives et marnes rougeâtres ou roses ;

- Le cenomanien (es-4) situé au nord-ouest des terrains, est constitué de calcaires compacts, gris-bleus, calcaires dolomitiques et dolomies.

Dans les environs de la partie sud des terrains affleurent du Maestrichtien-Montien (ev.c9) constitués de marnes à intercalations de quelques bancs de marno-calcaires et du Maestrichtien (c9) calcaire, et marne bleue à noire.

Ces deux derniers ensembles lithostratigraphiques appartiennent à la nappe tellienne et sont en charriage sur le

Cenomanien de la nappe néritique de Constantine (d'après la carte géologique de Constantine).

La constitution des roches et leur succession sont décrites comme suit :

- Niveau de la surface du sol jusqu'à une profondeur de 600mètres :
    - De 0 à 23 mètres une couverture plio-quaternaire constituée par une alternance de calcaire caverneux blanc, rose et d'argile rouge et grise ;
    - De 23 à 150 mètres : un complexe de calcaires massifs avec quelques niveaux argileux ;
    - De 150 à 420 mètres : une forte série de calcaires quelquefois caverneux saturés d'eau ;
    - De 420 jusqu'à 600 mètres des intercalations marneuses et des calcaires dolomitiques.

Les quatre zones délimitées, conformément à cette étude (Fig.15), présentent les caractéristiques suivantes :

- Zone 1 :

« Elle occupe la plus grande partie du terrain du P.O.S. Elle est constituée d'une intercalation de bancs de calcaires travertineux, durs et d'une épaisseur de 1 à 2 mètres et des marnes à marno calcaire de couleurs blanche à rouge d'une épaisseur variable. ».[81]

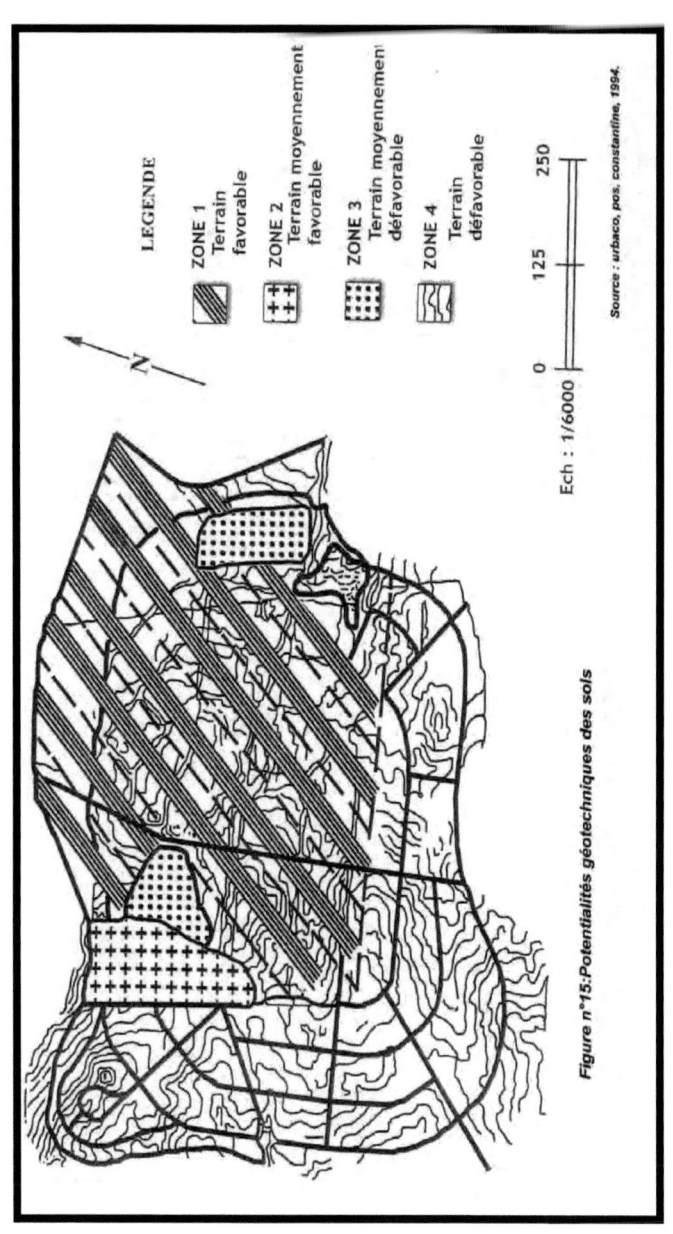

Figure n°15: Potentialités géotechniques des sols

---

[81] URBACO, 1994 : POS, première tranche de la ville nouvelle, 160p.

Sur les parties élevées des terrains, les calcaires forment des plateaux durs qui présentent des difficultés aux travaux de terrassement au V.R.D. Ces terrains sont <u>favorables</u> à tout type de construction.

<u>- Zone 2 :</u>

Elle se situe au nord-ouest des terrains et est constituée de calcaires gris à bleus fissurés et caverneux, durs et présentent des effondrements par endroits. Les travaux de terrassement et de V.R.D. seront difficiles à réaliser. Ces terrains sont relativement <u>favorables</u> à la construction avec des risques de fondation sur cavités.

<u>- Zone 3 :</u>

Elle est constituée de marnes rouges intercalées par des bancs de calcaire caverneux de plio-villafranchien.

Cette zone présente des surfaces de suintement des eaux souterraines qui nécessitent un drainage. Ces terrains sont <u>moyennement favorables</u> à la construction et ne peuvent être aménagés que pour des équipements légers ou des constructions légères. Pour les ouvrages moyens et lourds, des fondations profondes pour lesquelles l'étanchéité est à prévoir, sont inévitables.

<u>- Zone 4 :</u>

Elle est constituée de terrains ravinés qui nécessitent du remblai. Ces terrains sont <u>défavorables aux constructions</u> mais peuvent être affectés pour des espaces verts ou des équipements extrêmement légers.

L'étude réalisée par l'U.R.B.A.C.O. a démontré que les terrains classés défavorables à la construction peuvent être exploités dans la mesure où tous les moyens matériels et en particulier financiers seront mis à la disposition des services chargés de la réalisation.

III.2.3.4. Etude Hydrogéologique

L'étude hydrogéologique nous permet de connaître les ressources en eau de la zone concernée. Pour ce faire, il a été procédé à la reconnaissance et à l'estimation des potentialités hydrauliques des différentes nappes aquifères de la région (plateau d'Ain El Bey, vallée d'Ain Smara et la plaine méridionale de Djebel Felten).

A la suite des explorations par forages et des résultats des analyses chimiques des eaux, on a pu tirer la conclusion suivante : « les besoins théoriques en eau pour la future ville nouvelle, pour les différentes périodes à venir sont estimés comme suit :
- A court terme : 115L/s ;
- A moyen terme : 250L/s ;
- A long terme : 615L/s. ».[82]

---

[82] Kara H, 1997 : Croissance urbaine et mode de développement de Constantine, Magister, IAUC, 187p.

Il paraît donc évident qu'il est impossible de procurer de grands débits en procèdent à l'exploitation des nappes aquifères mises en évidence par les différents forages.

Selon les informations recueillies auprès de la direction de l'hydraulique de la wilaya de Constantine, les ressources en eau à court terme de la ville nouvelle proviennent d'un piquage sur la conduite de Boumerzoug. Le débit transitant est insuffisant et ne pourra pas répondre aux besoins de la ville à court et à moyen terme qui sont estimés à 287L/s, ce qui nécessitera le transfert de la partie restante à partir du barrage de Béni Haroun. Les ressources à long terme quantifiées à 770,5L/s proviendront du barrage de Béni Haroun par la conduite inversée de Boumerzoug.

Dans sa conclusion du chapitre eau, l'U.R.B.A.C.O. assure qu'à long terme toute la ville sera alimentée en eau potable et protégée contre l'incendie pour un débit mobilisable de 1409L/s et une capacité de stockage de 70 000m^3 et un réservoir tampon de 30 000m^3 et 04 stations de refoulement.

III.2.4 Organisation spatiale et fonctionnelle de la ville nouvelle

Le site choisi pour l'implantation de la ville nouvelle d'Ain El Bey présente beaucoup d'avantages. Nous citons quelques-uns :
- Sa bonne constructibilité ;
- Sa médiocre valeur agricole ;
- Sa proximité de Constantine et de ses deux satellites : El Khroub, Ain Smara (cette proximité peut devenir, à moyen terme un inconvénient, car il y a risque : dans l'exploitation des terrains

qui seront détournés au profit du béton ; l'urbanisation effrénée peut conduire à une conurbation).

Le nombre d'habitants prévus à long terme pour la ville nouvelle est de 335582. La structure proposée est d'une forme assez compacte permettant une réduction du temps de déplacement.

L'échelle de concentration urbaine adaptée à la ville nouvelle est la suivante :

- Unité de base : (la plus petite échelle de concentration urbaine dans la ville nouvelle et est la base de détermination des équipements) le nombre d'habitants prévus varie entre 2500 et 2800 habitants;

- Unité de voisinage : composée de trois unités de base selon la grille théorique des équipements, elle abrite 7500 à 8400 habitants;

- Quartier : se compose de quatre unités de voisinage et aura une population de 30 000 à 48 000 habitants;

- Groupement de quartiers : réunit deux à trois quartiers. Le nombre d'habitants sera de 150 000.

Or, si on examine les chiffres actuels, on peut affirmer que le nombre d'habitants qui doivent s'établir dans chaque unité de voisinage est supérieur à celui qui a été prévu dans le projet initial.

L'ensemble des éléments sus-cités constituera la ville nouvelle dont le nombre d'habitants est fixé, à long terme, à 335 582. La densité affectée à chaque unité de voisinage détermine un certain nombre d'habitants d'où est défini un nombre d'équipements répondants à la population. La répartition de l'ensemble a été étudiée de façon à équilibrer les relations d'emploi, d'habitat et rendre plus efficaces les relations fonctionnelles de l'ensemble des équipements et infrastructures.

Le fonctionnement de la ville nouvelle est basé sur le principe de la <u>hiérarchisation</u> tant spatiale que fonctionnelle. Pour le schéma de structure, l'étude réalisée par l'U.R.B.A.C.O. a permis d'établir des principes à respecter :
    - Zones d'activités multiples;
    - Ceinture verte centrale traversant la ville en son milieu, et la projection d'un ensemble de jardins publics à l'échelle des unités de voisinage et centre de quartiers;
    - Une forte animation du centre;
    - Un centre principal étalé et de forme allongée où les équipements urbains se concentrent;
    - Une voirie très hiérarchisée, ce qui permet une bonne accessibilité aux différentes zones de la ville.

La ville Ali Mendjeli dont les travaux ont été lancés en 1994 doit recevoir 54201 logements répartis sur une superficie de 1500ha.

La superficie ainsi retenue est organisée en 20 unités de voisinage (U.V), présentant chacune les caractéristiques suivantes : (page suivante)

Tableau n°42 : Caractéristiques des unités de voisinage (U.V.)

Désignation des U.V	Superficie en ha	Logements prévus	Population prévue
U.V. 01	75,04	4070	24 020
U.V.02	45,43	2991	17 946
U.V. 03	34,04	2108	12 648
U.V. 04	72,67	2612	15 672
U.V. 05	86,32	2479	14 924
U.V. 06	40,38	3101	18 636
U.V. 07	73,09	3909	23 434
U.V. 08	19,96	1500	9000
U.V. 09	69,54	3009	28 054
U.V. 10	39,10	1914	11 484
U.V. 11	85,56	2715	16 290
U.V. 12	33,02	1199	6824
U.V. 13	58,45	3546	21 276
U.V. 14	48,51	2649	15 894
U.V.15	60,31	2986	17 916
U.V.16	16,04	118	708
U.V.17	82,03	4050	24 354
U.V. 18	87,08	4223	25 838
U.V. 19	63,98	2680	16 080
U.V. 20	68,19	2393	14 354
TOTAL	1500	54 201	335 782

Source : D.U.C.H. Constantine.

Afin de mieux comprendre la configuration, les caractéristiques et le rôle de l'unité de voisinage, nous nous proposons d'étudier à l'issue de l'analyse générale de la ville nouvelle, l'unité de voisinage n°02.

III.2.4.1. Principes directeurs d'aménagement urbain

L'organisation de la ville nouvelle a été élaborée, en théorie, en répondant à un ensemble d'objectifs d'aménagement liés aux impératifs économiques, socio-culturels de Constantine et ses environs. L'aménagement de la ville nouvelle aspire à atteindre, au préalable, plusieurs objectifs :

a- Sécurité : il est primordial de prendre l'aspect sismique de la région tout en respectant les règles parasismiques. A cet effet, plusieurs accès à la ville sont prévus ayant un système de communication adéquat en cas de catastrophe, système renforcé par un ensemble de zones libres permettant le regroupement de la population dans des espaces où le risque est minime : parcs, places, placettes et jardins.

b- Accessibilité : donnée importante pour le bon fonctionnement de tout le système de la ville. Cet aspect est essentiel pour assurer un temps de déplacement satisfaisant : domicile-travail d'une part et, d'autre part, faciliter l'accès aux différents équipements et institutions de la ville. Un système de transport en commun facilitera également la communication.

c- Attractivité : pour créer un environnement favorable, la ville sera dotée d'un ensemble d'équipements.

d- Polyfonctionnalité : il s'agit là d'un objectif autour duquel s'organisera la conception, particulièrement au niveau des centres urbains, avec en plus, la recherche d'un système de coexistence entre les différentes fonctions.

e- Phasage : la réalisation de la ville nouvelle par le centre, plus précisément par le quartier n°02. Cette décision est motivée par le fait que le centre dispose d'un ensemble d'équipements collectifs aptes à favoriser un apport d'investissements, publics et privés, et à assurer en même temps une vie agréable.

f- Rôle régional : l'impact régional que devra imprimer cette ville l'incitera à répondre à sa vocation par la programmation de grands équipements, de portée régionale, l'aménagement adéquat pour déterminer les meilleurs emplacements possibles pour leur installation ayant fait l'objet d'une réflexion approfondie.

L'importance des principes sus-cités semble, en théorie, importante. L'effet positif de ces principes ne peut apparaître que dans la mesure où ils seront effectivement appliqués. Faire sortir du néant une ville n'est pas aussi simple d'autant plus que la création de cette ville constitue, pour la capitale de l'Est, une opération urbanistique tout à fait nouvelle.

Dans le souci de personnaliser la ville, de lui assurer de l'animation et pour ne pas répéter les erreurs commises dans le passé dont les cités-dortoirs sont l'aboutissement négatif, il est légitime de lui attribuer, d'ores et déjà, une (ou plusieurs) fonction et de la définir.

III.2.4.2. Les différents éléments composants la ville

Ayant une forme assez compacte qui permet une réduction des temps de déplacement, la ville s'articule autour d'un centre principal linéaire dont le pouvoir d'attraction qu'il exerce est lié à une concentration d'équipements à l'échelle de celle-ci et parfois à l'échelle régionale (centres d'affaires, centres commerciaux, université, hôtel de 300 lits).

C'est vers le centre qui est le lieu privilégié de la vie urbaine, le cœur même de la ville, l'endroit le plus dense, celui qui rassemble dans un périmètre très restreint l'ensemble des activités tertiaires, commerciales, sociales, administratives, économiques et de loisirs, que convergent les voies et communications et les systèmes de transport. En fait, c'est la partie où la zone la plus accessible de l'agglomération.

Autour du centre principal se développent les différents centres secondaires à l'échelle d'un quartier ou groupement de quartiers.

Cette structure de centres multiples hiérarchisés permettra un rayonnement des équipements et renforcera l'effet de complémentarité entre les centres de la ville qui seront reliés entre eux et l'ensemble de l'agglomération par une bonne hiérarchisation de la voirie (du macro au micro) :

- Boulevard principal ;
- Boulevard secondaire ;
- Voiries primaires ;
- Voiries secondaires. etc.

De plus, pour assurer la sécurité du piéton et pour prévenir toute situation qui pourrait engendrer des conséquences néfastes et afin d'opérer une séparation nette entre la circulation piétonne et la circulation mécanique, des aménagements ont été prévus à cet effet : trottoirs larges, voies piétonnes, galeries couvertes, places. Etc.

Les équipements et les édifices importants constitueront les nœuds de cette composition urbaine.

Regroupés pour des effets d'ensemble et d'être ainsi mieux définis, les édifices officiels (de l'Etat, de la municipalité, etc.) pour lesquels des sites convenables ont été choisis constitueront le centre principal, même dans les quartiers et les unités de voisinage.

Ce centre sera renforcé par une aire commerciale localisée au croisement de deux boulevards sur un rayon d'influence assez large. Par sa localisation au centre et par l'importance des activités commerciales, elle forme l'espace central de la ville.

L'ensemble des espaces verts doit être considéré comme un système assurant la double fonction de « poumon de la ville » et de lieu de détente et de récréation. Les éléments d'organisation structurants la ville nouvelle d'Ain El Bey peuvent être résumés ainsi (fig. 16) :

- Centre et centralité ;
- Typologie et densité des constructions ;
- Axes principaux ;
- Activités commerciales et équipements ;

- Places centrales et placettes ;
- Espaces verts.

III.2.4.2.1. Centre et notion de centralité

Bâtir une ville nécessite non seulement la création d'un cadre urbain attractif mais aussi et surtout une vie urbaine et sociale. Devant l'échec des grands ensembles (Z.H.U.N.), la réflexion sur le centre et la centralité a pris une part très importante dans la conception du projet de la ville nouvelle, conception qui a engagé une démarche lisible permettant la réalisation du projet et de donner naissance à une vie où le quotidien est rythmé par la fréquentation des équipements scolaires ou culturels, sociaux ou sanitaires, sportifs ou de détente, administratifs ou commerciaux.

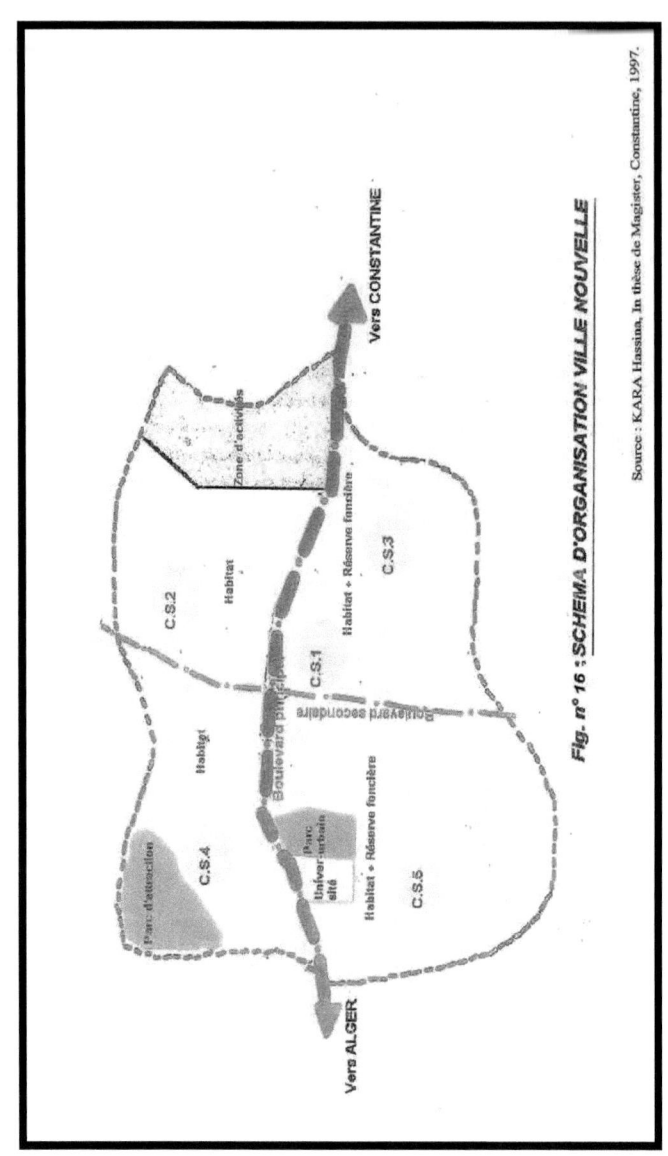

Fig. n° 16 : SCHEMA D'ORGANISATION VILLE NOUVELLE

Source : KARA Hassina, In thèse de Magister, Constantine, 1997.

A cet effet, une priorité absolue devra être accordée à la réalisation des grands ensembles commerciaux qui représentent, en fait, les premiers moteurs de la vie urbaine. Partout à travers la ville, la dynamique de la centralité a été recherchée et adoptée (fig. 17).

Les équipements éducatifs sont organisés et implantés en réseaux regroupant des services complémentaires à l'échelle des quartiers ou groupement de quartiers qui les abritent. Ces réseaux répondent à tous les besoins des habitants.

Dans le but de concevoir un centre polyfonctionnel et très attractif, les grands équipements, édifices publics, ayant un impact important à l'échelle de la ville, voire à l'échelle régionale, seront répartis dans le centre-ville et conçus sur un grand boulevard principal caractérisé par une forte concentration d'équipements.

Les dimensions du boulevard principal (1500mX85m) et le jardin public dans lequel pourront se dérouler des activités culturelles ou artistiques, caractériseront l'importance du centre principal où l'ensemble des secteurs d'activités est représenté : équipements administratifs, culturels, scolaires et éducatifs, commerciaux.

Le déplacement vers les différents équipements du centre-ville ainsi que l'accès seront facilités par un réseau de voiries bien étudié et hautement hiérarchisé.

On est en mesure de préciser que la recherche de la centralité à travers la ville, plus particulièrement dans les centres, a été basée sur l'apport des équipements collectifs « qui sont les premiers moteurs de l'animation urbaine »[83], d'une part et par un ensemble d'éléments favorisants l'effet de cette centralité, d'autre part : les places, les placettes, les voies de communication, la typologie de l'habitat, les types de commerces. Etc.

Quant aux équipements dont la destination est plus réduite, ils seront localisés sur les différents centres secondaires.

---

[83] KARA H, 1997, Idem.

Fig. n° 17 : SCHEMA DE PRINCIPE THEORIQUE
Une Nouvelle polycentrique sur le plateau de Ain El Bey.

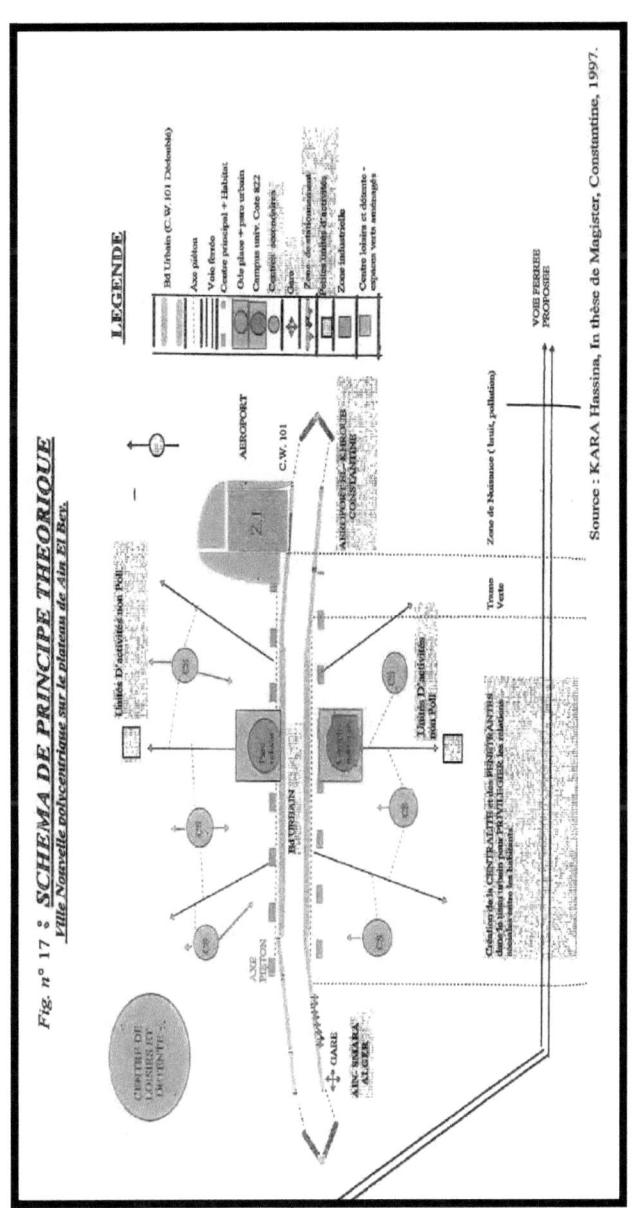

Source : KARA Hassina, In thèse de Magister, Constantine, 1997.

III.2.4.2.2. Typologie et densité des constructions

Trois grandes catégories différenciées caractérisent la densité dans la ville nouvelle :

- Habitat à faible densité : partie Est à l'entrée de la ville ;
- Habitat à densité variable : plus on se rapproche du centre, plus la densité augmente ;
- Habitat à forte densité : centre-ville.

La zone d'habitat est composée, en majorité de six à huit étages. Quelques-uns des plus élevés, notamment ceux destinés aux institutions, seront concentrés au niveau du centre.

III.2.4.2.3. Les activités commerciales et les équipements

Le choix des sites d'implantation des différents équipements et autres ensembles d'activités commerciales, leurs diversifications, leurs adaptations visent :

- A rapprocher les services des habitants pour leur bien-être et leur épanouissement ;
- A assurer une bonne qualité des services et à répondre aux besoins divers des habitants ;
- A animer les différents points d'intérêts de la ville pour la rendre attractive, par l'implantation de ces équipements collectifs et de l'ensemble des activités commerciales.

a- .Equipements de commerce : On peut distinguer trois fonctions :

- Commerce journalier : produits de premières nécessités localisées dans les centres de l'unité de voisinage et de l'unité de base ;

- <u>Commerce mensuel</u> : tout ce qui concerne l'habillement, la pharmacie, la librairie dont la localisation est située dans les centres secondaires et le centre principal ;

- <u>Commerce annuel</u> : les grands achats : meubles, appareils électroménagers, etc. Ce type de commerce sera localisé dans les centres principaux et secondaires ainsi que le long de certaines voies primaires.

b- Equipements de distractions : Ils peuvent être classés en deux catégories :

- Les distractions hebdomadaires : cinéma de quartier, stades ;
- Les distractions d'une fréquentation plus espacée dont un large champ d'action, même au-delà de la ville, est nécessaire : les salles de cinéma d'exclusivité, les salles de concert, les théâtres. Etc.

Ces équipements ont été localisés dans le centre principal et les centres secondaires.

Quant à la restauration et l'hôtellerie pour lesquelles un stationnement doit être suffisant, elles sont prévues au niveau des deux boulevards et sur la voie primaire reliant l'université au centre-ville.

c- Equipements scolaires et universitaires : L'implantation des infrastructures scolaires obéit à deux critères essentiels :

- Le temps de déplacement école-habitation, trajet très court ;

- L'emplacement de ces équipements destinés aux différents cycles de l'enseignement, doit assurer sécurité, sérénité et calme.

Pour répondre à ces critères, l'implantation devra être localisée sur les voies de desserte et près des voies piétonnes.

Quant à l'université qui, dans le cas de la ville nouvelle ne peut être assimilée qu'à un institut, son implantation est prévue près du centre principal, très proche de l'hôpital.

d- Equipements administratifs et d'affaires : Rapprocher l'administration de l'administre et permettre aux habitants d'avoir accès au service auquel ils veulent s'adresser sans effectuer de longs déplacements, fatigants et onéreux, sera la fonction du centre administratif dont l'implantation est prévue au centre-ville au même titre que les équipements d'affaires.

e- Equipements de sports et de loisirs : L'accueil par la ville nouvelle d'une éventuelle forte proportion de jeunes et de moins jeunes, nécessitera, en matière d'équipements, un effort tout à fait particulier. Un nombre important de salles et de terrains de sports dont l'implantation devra être guidée par une forte concentration des habitants est programmé.

En outre, un complexe sportif répondant aux besoins de toute la ville sera implanté à l'entrée de la ville.

f- Places et placettes : Constituant le support de la vie de quartier, cet espace doit faciliter l'établissement des relations de voisinage entre les habitants. La réalisation de ces espaces libres demande une certaine hiérarchisation par une étude relative à leur localisation et fixer les dimensions en fonction des usages et de la polyvalence.

L'aménagement d'un espace collectif au centre-ville donne à l'aire centrale une vocation de lieu de détente et de distraction. Des places et placettes dont les dimensions sont fixées selon la taille et la densité des habitants seront aménagées au niveau des centres de quartiers et des unités de voisinage.

g- Espaces verts : Il convient de savoir que purificateurs de l'atmosphère, les espaces verts sont un besoin physique réel à la ville sensible à la pollution, par ses usines, ses véhicules. Etc. Les plantes et surtout les arbres, ont un effet très bénéfique sur la vie d'une cité et à travers elle sur la santé de l'homme :

- Ils humidifient, rafraîchissent et dépoussièrent l'air ;

- Les plantes produisent de l'oxygène indispensable à l'homme et aèrent le tissu urbain ;

- Elles abaissent la température, créent des courants d'air et combattent le dessèchement ainsi que l'érosion et fixent les terres arables ;

- Pour un pays comme l'Algérie, elles apportent une contribution importante dans la lutte contre la désertification.

Les espaces verts sont en quelque sorte le « poumon »de la ville et le lieu de détente et de recréation. Toutefois, ces espaces ne peuvent jouer efficacement le rôle que leur a dévolue la nature que dans la mesure où ils sont aménagés à l'endroit qu'il faut.

En ce qui concerne la ville nouvelle d'Ain El Bey, une place importante a été réservée à l'élément vert qui a fait l'objet d'une hiérarchisation d'affectation des surfaces vertes du degré supérieur (ville) jusqu'à l'unité de base (plus petite unité résidentielle).

Une bonne accessibilité à l'espace vert est un apport certain pour la bonne organisation du système de répartition de l'espace vert et sa fréquentation régulière par les habitants. C'est ainsi que renforcer la notion de zones de détente et de recréation, deux parcs importants ont été prévus : le premier sera aménagé tout près de l'université s'ouvrant sur un axe de circulation important ; quant au second, il sera implanté sur le site de l'ancien verger donnant sur la gare routière.

Par ailleurs, dans le souci d'agrémenter davantage la ville et le paysage du citoyen et assurer une meilleure aération du centre-ville, l'aire centrale du boulevard principal sera aménagée en un vaste espace vert. Enfin, pour apporter encore plus de confort, il est prévu dans le plan initial de la ville un jardin public pour chaque unité de voisinage.

III.2.4.2.4. Les éléments structurants et linéaires de la ville nouvelle (extrait succinct de l'étude effectuée par l'URBACO).

La ville nouvelle est structurée par niveau, du global au local. La voirie est classée en trois grilles superposées qui donnent la possibilité de partager la ville suivant trois échelles : la maille primaire, la maille secondaire et la maille tertiaire. Elle s'organise principalement autour de deux boulevards (principal et secondaire) ceinturés par la voie primaire et s'entrecoupant perpendiculairement au niveau du centre (fig. 18).

    a- *Boulevard principal* : Localisé en plein centre, ce boulevard est la voie la plus importante de la ville et constitue du fait de l'existence d'équipements (commerciaux, culturels, administratifs, etc.) la partie la plus animée. Il est caractérisé par :

b- Boulevard secondaire : Localisé en plein centre et s'entrecoupant avec le boulevard principal, il relie la partie Nord à la partie Sud. Il se différencie du boulevard principal par la dimension de son aire centrale moins importante. Il est également caractérisé par son commerce de haut de gamme et diversifié.

    c- *Voirie primaire et secondaire* : Il s'agit d'une voirie de distribution qui a pour rôle de relier les différentes zones. Elle est un élément structurant d'un quartier et parfois de la ville.

d- Voirie de desserte : La voirie de desserte d'îlot est l'ultime ramification de celle de quartier, un espace collectif ouvert à proximité du logement et des équipements. Elle a pour rôle d'accéder aux logements et de constituer un lieu de rencontres et de jeux.

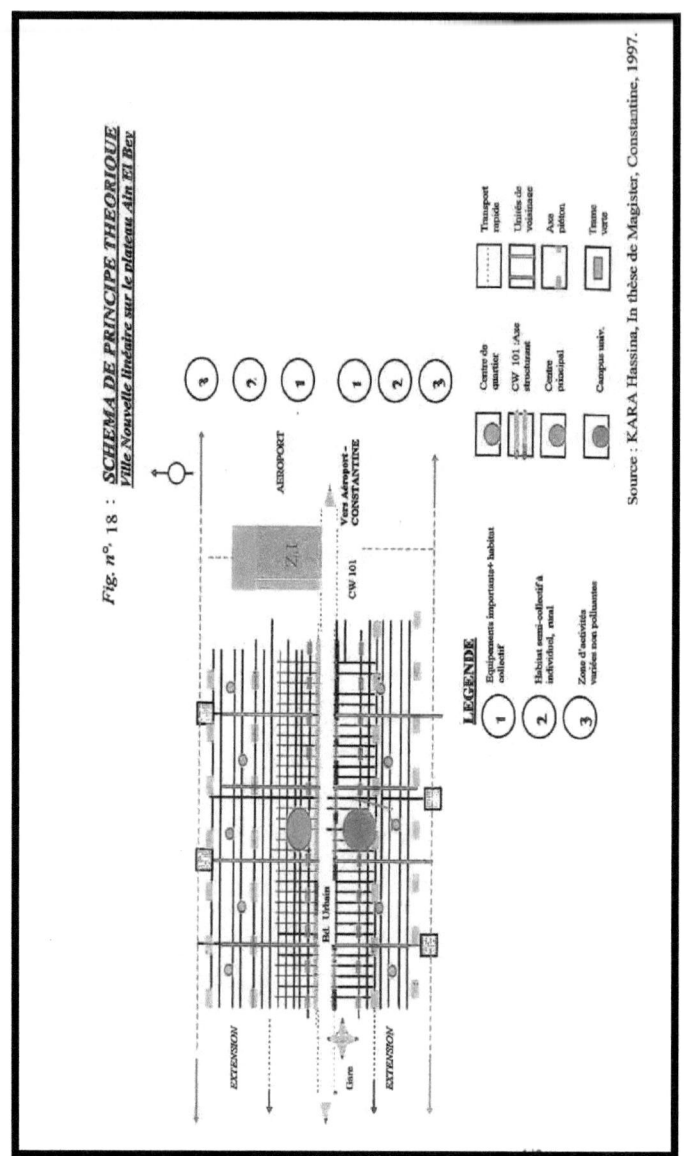

Fig. n° 18 : **SCHEMA DE PRINCIPE THEORIQUE**
Ville Nouvelle linéaire sur le plateau Aïn El Bey

Source : KARA Hassina, In thèse de Magister, Constantine, 1997.

e- Circulation piétonne : L'aménagement des voies piétonnes qui constituent un espace d'animation et d'échange, s'est fait conformément à deux objectifs :
- L'espace piéton doit être visible et accessible à tous, facile à entretenir et à gérer ;
- La voie piétonne doit assurer la continuité dans le tissu.

f- Stationnement : La nécessité d'organiser la circulation appelle la création d'aires de stationnement pour assurer la sécurité et perturber le moins possible la quiétude des riverains et d'éviter des arrêts abusifs à des endroits non réservés. Pour ce faire, deux points ont été d'abord réfléchis et ensuite retenus :
- Prévision d'un nombre d'emplacements suffisants pour satisfaire tous les besoins ;
- Situer les points de grande affluence (trafic routier intense).

III.2.4.2.5. Liaison de la ville nouvelle avec l'autoroute Est- Ouest

Il a été proposé, en l'absence d'un schéma directeur de transport à l'échelle régional et du groupement, de relier la ville nouvelle à l'autoroute Est-Ouest, actuellement en cours de réalisation. Située sur l'axe reliant les deux grandes agglomérations mitoyennes de la ville de Constantine que sont Ain Smara et El Khroub et latéralement à la R.N.3 reliant Constantine à Batna, la ville nouvelle qui est à 4km à vol d'oiseau de l'autoroute Est-Ouest peut être raccordée au réseau routier de la ville mère. En effet, un branchement à la R.N.3 peut être réalisé par le biais d'un carrefour plan.

III.2.4.2.6. Assainissement de la ville nouvelle

L'assainissement est un élément de l'infrastructure qui devrait être réalisé dans les nouveaux aménagements urbains. Le développement urbain du groupement de Constantine est matérialisé par l'aménagement de zones d'extension dont l'assainissement sera assuré par des collecteurs déversant les eaux usées vers les stations d'épuration existantes, en projet ou proposées.

Administrée par deux communes, Ain Smara et El Khroub, la ville nouvelle d'Ain El Bey sera rattachée, en matière d'évacuation des eaux usées, par les éléments dont disposent ces deux communes. Aussi, il serait éventuellement plus judicieux de donner un aperçu tout à fait succinct sur le réseau d'assainissement de ces deux localités :

- *El Khroub* : Des extensions du réseau d'assainissement sont prévues à moyen terme dans la partie basse de la ville, le long de la route nationale n°3, plus précisément au niveau du P.O.S. et des cités périphériques.

Un collecteur réalisé en système unitaire formant une ceinture collecte les eaux usées de la ville vers le rejet à l'extrémité Nord-Ouest d'El Khroub. La proposition intervient dans cette partie où commence l'extension prévue à long terme : projeter à un collecteur qui prendrait la relève des précédents et qui s'acheminerait vers la future station d'épuration proposée à la limite de cette commune.

- *Ain Smara* : Un projet de collecteurs en système unitaire sera réalisé à moyen terme et couvrira, à long terme, les besoins d'évacuation en eaux usées vers la station d'épuration proposée en face de la zone industrielle. Une proposition d'un collecteur au Sud-Ouest de la ville concernera uniquement les parties réservées à l'extension de cette dernière.

C'est ainsi que l'assainissement des eaux usées de la ville nouvelle d'Ain El Bey, sera pris en charge par les stations d'épuration proposées avec la détermination à épurer et localisées :
- A El Khroub (pour les villes d'El Khroub et Ain El Bey nouvelle partie Est) ;
- A Ain Smara (pour les villes d'Ain Smara et Ain El Bey nouvelle partie Ouest).

III.2.5. Illustration de l'unité de voisinage n°2 de la ville nouvelle d'Ali Mendjeli

III.2.5.1. Situation et caractéristique du site

Située à l'ouest de la ville et du périmètre réservé au plan d'occupation des sols, cette unité de voisinage est limitée par :
- L'unité de voisinage n°04 à l'Ouest;
- L'unité de voisinage n°13 au Nord;
- L'unité de voisinage n°03 au Sud;
- L'unité de voisinage n°01 à l'Est.

D'une superficie de 47,81ha, le site de cette unité de voisinage renferme l'un des points culminants, à savoir le point 822 qui sert de support géométrique au centre décisionnel.

D'une forme rectangulaire simple, le terrain présente des pentes plus ou moins fortes qui, avant la réalisation des voies de circulation et l'implantation des bâtiments, appelle une étude très approfondie du site. Deux zones correspondant chacune à des caractéristiques de sol bien définies constituent le terrain :

- <u>Zone 1</u> : constituée d'une intercalation :
- De marno- calcaires travertineux, caverneux, durs et d'une épaisseur de 1 à 2 mètres ;
- De marne à marno- calcaire, de couleur blanche à rouge, d'une épaisseur variable, de 1 à 4 mètres.

Ces terrains sont favorables à tout type de construction.

- <u>Zone 2</u> : constituée de calcaire gris à bleu fissuré. Les terrassements et V.R.D. seront difficiles à réaliser. Ces terrains sont cependant favorables à tout type de construction mais nécessitent des crédits importants.

III.2.5.2. Identification urbaine de l'unité de voisinage

Occupant une position privilégiée par rapport à la ville, elle longe d'une part le boulevard principal (85m d'envergure) qui abrite des activités vitales et d'autre part, une bonne partie du boulevard secondaire, autre lieu fort de cette cité. Ces deux boulevards, comme il a été précisé dans l'étude sur l'ensemble de la ville nouvelle, forment le centre urbain par excellence, caractérisé par l'implantation de l'aire commerciale. Cette unité de voisinage renferme un mécanisme riche en « matériaux urbanistiques » :

- Aire commerciale : elle touche en plus de l'U.V.02, trois autres unités. Son tracé qui relie le boulevard principal au boulevard secondaire en passant par le centre, constitue un parcours agréable. L'espace est agrémenté par le passage couvert, le type de commerces prévus, les voies piétonnes et les placettes.

- Réseau routier : le schéma régulier et clair qui caractérise la voirie primaire et secondaire est un élément qui améliore la sécurité, la lisibilité de l'espace et la fluidité de la circulation.

- Centre de l'unité de voisinage : le lieu privilégié de la vie urbaine, le plus dense, celui qui rassemble le maximum d'équipements communautaires au niveau de l'unité, relié directement au boulevard principal par une voie piétonne qui abrite des commerces, il exerce un grand pouvoir d'attraction.

- Equipements structurants : les équipements dont la programmation est arrêtée selon une grille ministérielle théorique sont déterminés sur la base de :
- 2000 habitants, soit le nombre de personnes de cette unité de voisinage ;
- Le taux d'occupation de chaque logement, soit 06 personnes.

Les commerces de première nécessité (alimentation générale, laiterie. etc.), les antennes administratives, les agences bancaires, les agences d'assurance. Etc., seront implantés au rez - de chaussée des immeubles d'habitations.

- Les espaces verts : le paysage des habitants sera agrémenté par :
- Un jardin public implanté au niveau du centre ;
- Une ceinture verte qui couronne ce centre ;
- Plantations diverses sur l'ensemble de l'itinéraire consacré à l'aire commerciale.

- Stationnement : Dans le souci de faciliter la vie au citoyen et contrairement aux villes comme Constantine où le stationnement est la hantise des constantinois, il est prévu des parkings dont la réalisation doit répondre à deux critères :
- Pour trois logements : une place de parking ;
- Superficie de la place réservée : 25m².

Par sa position, par les équipements programmés, par les aménagements prévus, cette unité de voisinage répondra au souci de bien être des habitants et pourra leur assurer une vie agréable.

III.2.6. Intervenants et partenaires économiques

Un projet aussi ambitieux, voire gigantesque, nécessite des crédits importants pour sa réalisation et engage des institutions et des entreprises qui disposent d'une grande capacité d'action et de lobbying. C'est ainsi que pour mener à bien cette réalisation, plusieurs institutions et collectivités ont été impliquées.

Si l'aménagement de l'assiette foncière et des V.R.D. est pris en charge par l'A.P.C. de Constantine, par contre la construction de logements, d'infrastructures et autres, est financée par différentes institutions et entreprises.

Les principaux intervenants sont les suivants :

L'Etat, à travers les institutions locales dont la wilaya qui dispose de services techniques spécialisés, est un intervenant potentiel et direct dans la réalisation de la ville Ali Mendjeli.

Le Wali.

Conformément à la loi n°90-09 du 07 avril 1990 relative à la wilaya, le Wali, en sa qualité de « représentant de l'Etat et de délégué du gouvernement au niveau de la wilaya » (article 92) « anime, coordonne et contrôle l'activité des services de l'Etat chargés des différents secteurs d'activités dans la wilaya » dont l'urbanisme et l'habitat (article 93).

Il « exécute les délibérations de l'Assemblée Populaire de Wilaya (article 83) qui :

- « Définit le plan d'aménagement du territoire de la wilaya et contrôle son application » et « participe aux procédures de mise en œuvre des opérations d'aménagement du territoire, de portée régionale ou nationale (article 62) ;

- « Initie ou participe à la promotion de programmes d'habitat à usage locatif » et « participe à des opérations de rénovation et de réhabilitation en concertation avec les communes » (article 82).

Le Wali approuve le **Plan Directeur d'Aménagement et d'Urbanisme (P.D.A.U)** établi préalablement à l'initiative et sous la responsabilité du Président de l'Assemblée Populaire Communale (A.P.C.) (articles 24 et 27 de la loi n°90-29 du 01 décembre 1990 relative à l'aménagement et l'urbanisme et article

15 du décret exécutif n°91-177 du 28 mai 1991 fixant les procédures d'élaboration et d'approbation du P.D.A.U. et le contenu des documents y afférents).

Le Plan d'Occupation des Sols dûment établi par le Président de l'A.P.C. et approuvé par l'Assemblée Populaire Communale doit être revêtu au préalable de l'avis du Wali (article 2 et 14 du décret exécutif n°91-178 du 28 mai 1991 fixant les procédures d'élaboration et d'approbation des plans d'occupation des sols ainsi que le contenu des documents y afférents).

Il est délivré par le Wali sous forme d'arrêté (article 23 du décret exécutif n°91-176 du 28 mai 1991).

Le permis de construire est effectué par le Wali pour toutes les constructions et installations réalisées pour le compte de l'Etat, de la wilaya et de leurs établissements publics (article 42 du décret exécutif n°91-176 du 28 mai 1991).

La remise du **certificat de conformité** relatif aux constructions et installations réalisées pour le compte de l'Etat, de la wilaya et de leurs établissements publics est de la compétence du Wali (article 55 du décret exécutif n°91-176 du 28 mai 1991).

L'Assemblée Populaire Communale :

Conformément à la loi n°90-08 du 07 avril 1990 relative à la commune (article 75 alinéa 10), le Président de l'Assemblée Populaire Communale est chargé de « veiller au respect des normes et prescriptions en matière d'urbanisme ».

Il établit sur son initiative et sous sa responsabilité le **Plan Directeur d'Aménagement et d'Urbanisme** (articles 24 et 27 de la loi n°90-29 du 01 décembre 1990 relative à l'aménagement et à l'urbanisme et article 15 du décret exécutif n°91-177 du 28 mai 1991).

Il établit également le **Plan d'Occupation des Sols** qui doit être approuvé par l'Assemblée Populaire Communale et recueillir l'avis du Wali (articles 2 et 4 du décret exécutif n°91-178 du 28 mai 1991).

Il délivre le **permis de construire** pour toutes les constructions situées dans un secteur couvert par un P.O.S. (articles 41 et 42 du décret exécutif n°91-176 du 28 mai 1991).

Il procède à la remise du **certificat de conformité** pour les permis de construire qu'il a délivré dans le cadre de ses compétences (article 55 du décret exécutif n°91-176 du 28 mai 1991).

La commune, « en rapport avec les attributions qui lui sont dévolues par la loi et en cohérence avec le plan de wilaya et les objectifs des plans d'aménagement du territoire, élabore et adopte son plan de développement à court terme, moyen terme, et long terme et veille à son exécution » et « participe aux procédures de mise en œuvre des opérations d'aménagement du territoire » (articles 86 et 87 de la loi n°90-08 du 07 avril 1990).

Elle « initie toute mesure de nature à assurer l'assistance et la prise en charge des catégories sociales démunies notamment dans les domaines de la santé, de l'emploi et du logement » (article 89 de la loi n°90-08 du 07 avril 1990).

Elle « s'assure du respect des affectations des sols et des règles de leur utilisation et veille au contrôle permanent de la conformité des opérations de construction » (article 91 de la loi n°90-08 du 07 avril 1990).

Elle est « responsable de la sauvegarde du caractère esthétique et architectural et l'adoption du type d'habitat homogène des agglomérations » (article 93 alinéa 3 de la loi n°90-08 du 07 avril 1990).

« Conformément aux normes nationales et à la carte scolaire, la réalisation des établissements de l'enseignement fondamental relève de la commune. Elle assure l'entretien des dits établissement (article 97) et, conformément aux normes nationales, elle prend en charge la réalisation et l'entretien des centres de santé et des salles de soins (article 100) et dans la limite de ses moyens la réalisation et l'entretien des centres culturels implantés sur son territoire » (article 102). En matière d'habitat, « elle initie ou participe à la promotion de programmes d'habitat » (article 106 alinéa 6).

Il y a lieu de préciser toutefois que seuls les établissements des 1ers et 2éme paliers (primaire) sont réalisés et pris en charge par la commune dont elle assure également l'entretien.

Les services techniques spécialisés de la wilaya :

Pour toutes les tâches relatives à l'urbanisme, à la construction, aux logements et autres équipements, la wilaya intervient par l'intermédiaire des services techniques spécialisés qui lui sont rattachés :
- La Direction de l'Urbanisme et de la Construction (D.U.C.) ;
- La Direction du Logement et des Equipements Publics (D.L.E.P.).

L'arrêté du 14 septembre 1998 définit les tâches dévolues aux directions de wilaya relevant du Ministère de l'Habitat et des services les composants :

La Direction de l'Urbanisme et de la Construction est chargée :
- «De mettre en œuvre, au niveau local, la politique d'urbanisme et de construction ;
- «De veiller, en relation avec les services des collectivités locales, à l'existence, à l'étude, à la mise en œuvre des instruments d'urbanisme ;
- «De donner des avis techniques pour l'établissement des divers actes d'urbanisme et d'en assurer le contrôle ;
- «De suivre en relation avec les structures concernées, les études d'aménagement et d'urbanisme visant la maîtrise du développement du territoire communal ;
- «De soutenir et de suivre les opérations de rénovation urbaine et d'aménagement foncier ;
- «D'entreprendre toutes actions en vue de l'amélioration du cadre bâti et du développement d'un habitat conforme

aux exigences socio-géoclimatiques et d'aménagement foncier ;
- «De suivre l'évolution des moyens d'études et de réalisation en matière d'urbanisme de la wilaya et de rechercher les voies et moyens de les stabiliser et de les développer ;
- «De procéder à l'inventaire des éléments constitutifs marquant des architectures locales en vue de leur préservation et de leur intégration ;
- «De promouvoir des actions d'intégration des tissus spontanés et des grands ensembles en matière d'urbanisme et d'architecture ».

La Direction du Logement et des Equipements Publics :
- Propose « à partir d'une évaluation périodique, les éléments d'une politique d'habitat adaptée aux conditions et spécificités de la wilaya notamment en ce qui concerne la typologie » ;
- Crée « en relation avec les structures concernées et les collectivités locales les conditions de dynamisation de la réalisation des opérations d'habitat social et d'encourager l'investissement privé dans le domaine de la promotion immobilière » ;
- Initie « des études de normes en matière d'habitat rural et habitat évolutif adaptés aux spécificités locales, et d'encourager les initiatives en matière d'auto – construction par un encadrement permanent » ;

- Constitue «les divers dossiers réglementaires nécessaires aux consultations des études et des travaux, ainsi qu'à la délivrance du permis de construire et d'assurer la gestion des opérations des équipements publics dans le cadre du pouvoir qui lui sont confiés et des crédits alloués » ;
- Assure « le suivi, la collecte et l'exploitation des opérations d'étude et de réalisation des équipements publics ainsi qu'à l'économie de la construction » ;
- Veille «à l'application des textes législatifs et réglementaires en matière de comptabilité publique, de marchés publics et de maîtrise d'œuvre ».

- Autres intervenants :
La Caisse Nationale du Logement (C.N.L.) :

Créée par le décret exécutif n°91-144 du 12 mai 1991, sa mission est définie par le décret exécutif n°91-145 du 12 mai 1991 portant statut de la Caisse Nationale du Logement (C.N.L.).

Etablissement public à caractère industriel et commercial placé sous la tutelle du Ministère de l'Habitat et de l'Urbanisme, il a pour missions principales :
- De gérer les aides et contributions de l'Etat en faveur de l'habitat, notamment en matière de promotion du logement à caractère social, de loyers, de résorption de l'habitat précaire, de restructuration urbaine, de réhabilitation et de maintenance du cadre bâti ;
- De promouvoir toutes formes de financement de l'habitat et notamment du logement à caractère social parla

recherche et la mobilisation de sources autres que budgétaires.

La C.N.L. gère, dans le cadre des missions qui lui sont confiées, l'ensemble du système d'aides à la pierre et d'aides à la personne dans le domaine du logement.

A ce titre, elle assure, pour le compte de l'Etat et en relation avec les collectivités locales, les maîtres d'ouvrages, les promoteurs immobiliers, les bénéficiaires des aides personnalisées, la gestion des financements publics mobilisés annuellement au profit :
- Des programmes de logements sociaux locatifs, destinés aux citoyens aux citoyens aux revenus les plus faibles ;
- Des programmes de logements en accession aidée à la propriété (Logements Sociaux Participatifs-L.S.P.) s'adressant aux ménages aux revenus intermédiaires (n'excédant pas 40 000 Dinars Algériens) ;
- Des programmes de logements promotionnels aidés. Il s'agit d'un dispositif mis en place en partenariat avec les banques qui interviennent dans le crédit immobilier : Caisse Nationale d'Epargne et de Prévoyance (C.N.E.P.), Crédit Populaire d'Algérie (C.P.A.), Banque de Développement Local (B.D.L.), Banque Nationale d'Algérie (B.N.A.) et qui consiste en la mobilisation d'une aide de l'Etat au profit des bénéficiaires d'un crédit ;

- Des programmes de logements destinés à la location-vente ;
- Des programmes de résorption de l'habitat précaire et de réhabilitation ;
- Des programmes d'aide à l'habitat rural.

Dans le cadre de ses activités, la C.N.L. est en relation avec :
- Les maîtres d'ouvrages publics : wilaya (direction du logement et des équipements publics et direction de l'urbanisme et de la construction) ;
- Les Assemblées Populaires Communales ;
- Les promoteurs publics : Agence Nationale de l'Amélioration et du Développement du Logement (A.A.D.L.), Office de Promotion et de Gestion Immobilières, agences foncières ;
- Les promoteurs privés, les Sociétés Civiles Immobilières (S.C.I.) et les coopératives immobilières ;
- Les banques commerciales intervenant dans le crédit immobilier : C.N.E.P., C.P.A., B.D.L. et B.N.A ;
- Les citoyens bénéficiaires à titre individuel des aides de l'Etat au logement.

L'aide de l'Etat à l'accession à la propriété est régie par l'arrêté interministériel du 15 novembre 2000, modifié et complété par celui du 09 avril 2002 et est destiné aux citoyens à revenus intermédiaires, désireux :
- D'acquérir un logement neuf ;
- Ou de construire un logement à usage familial.

Celle-ci qui est une aide financière non remboursable est octroyée :
- Soit dans le cadre des programmes de logements sociaux participatifs (L.S.P) ;
- Soit dans le cadre d'un crédit immobilier.

L'Office de Promotion et de Gestion Immobilière (O.P.G.I.) :
Dotés de la personnalité et de l'autonomie financière, réputés commerçants dans leurs rapports avec les tiers et soumis aux règles de droit commercial, les O.P.G.I. sont chargés dans le cadre de la mise en œuvre de la politique sociale de l'Etat, conformément au décret exécutif n°91-147 du 12 mai 1991 portant transformation de la nature juridique des statuts des offices de promotion et de gestion immobilière et déterminations des modalités de leur organisation et de leur fonctionnement, de promouvoir le service public en matière de logement, notamment pour les catégories sociales les plus démunies. En outre, ils sont chargés à titre accessoire :
- De la promotion immobilière ;
- De la maîtrise d'ouvrage déléguée pour le compte de tout autre opérateur,
- De la promotion foncière ;
- Des actions de prestation de services en vue d'assurer l'entretien, la maintenance, la réhabilitation et la restauration des biens immobiliers.

Agence Nationale de l'Amélioration et du Développement du Logement (A.A.D.L.) :

Créée par le décret exécutif n°91-148 du 12 mai 1991 en la forme d'un établissement public à caractère industriel et commercial, elle assure une mission de service public et est dotée de la personnalité morale et de l'autonomie financière.

Elle a pour objet :
- La promotion et le développement du marché foncier et immobilier ;
- L'encadrement et la dynamisation des actions :
    - De résorption de l'habitat insalubre ;
    - De rénovation et de restauration des tissus anciens ;
    - De restructuration urbaine ;
    - De création de villes nouvelles.
- L'élaboration et la vulgarisation en vue de leur développement des méthodes de construction novatrices à travers son programme d'action.

Elle est réputée commerçante dans ses relations avec les tiers. A l'heure actuelle, cet organisme exécute surtout le programme « location-vente » initié dès 2001 dont des tours de 16 étages à la ville Ali Mendjeli.

Caisse Nationale d'Epargne et de Prévoyance (C.N.E.P) :

Elle octroie des crédits à des citoyens disposant d'un compte ouvert auprès de ses agences. Son financement est destiné surtout au logement promotionnel.

D'autres organismes sont présents sur le terrain :
- Des entreprises nationales comme GECO et SIDER ;
- Des Bureaux d'Etudes Techniques (B.E.T) dont l'URBACO ;
- Des promoteurs privés ;
- Une multitude d'entreprises privées.

Quant au contrôle technique des constructions qui joue un rôle essentiel dans la réalisation, il est confié au Centre de Contrôle Technique (C.T.C.) de Constantine.

« Les missions de maîtrise d'œuvre s'accomplissent sous l'égide du maître d'ouvrage qui délègue la mission de contrôle au C.T.C. A ce titre, il est fait obligation au maître d'ouvrage de conclure une convention avec l'organisme de contrôle technique de la construction qui confère au C.T.C un rôle d'autorité du fait que le maître d'œuvre se trouve soumis à ses injonctions ».

« Historiquement, le contrôle technique de la construction a existé bien avant son institutionnalisation en 1971. Il n'avait pas alors de caractère obligatoire et était exercé comme assistance facultative aux compagnies d'assurances pour l'évaluation des risques ».

Créé en 1971, il a « pour mission le contrôle technique de la construction et a bénéficié comme sus-mentionné, d'octroi d'un monopole de fait, suite à :
- « L'obligation pour les assurances de subordonner le contrat d'assurance en responsabilité décennale des

architectes et entrepreneurs à l'existence d'une convention de contrôle technique;
- « L'obligation pour les assureurs de n'agréer que le seul C.T.C. comme contrôleur technique ».[84]

La réalisation d'un tel projet nécessite une coordination très étroite entre les différents intervenants et un centre de décision unique. Aussi, faudra t- il, dès le départ, clarifier les rôles : qui fait quoi ? En identifiant parmi les acteurs ceux qui définissent les objectifs, ceux qui établissent les projets ou exécutent les ouvrages et bien entendu ceux qui financent.

III.2.7. Situation actuelle de la ville nouvelle Ali Mendjeli

L'état de chantier dans lequel elle se trouve est visible au loin bien avant l'entrée. Les signes avant-coureurs sont la poussière qui s'élève de temps à autre vers le ciel et les grues qui pointent leurs "bras" au-dessus des immeubles en construction.

La quiétude des résidents est perturbée par le va-et-vient incessant de gros engins transportant les gravats des nombreux chantiers éparpillés à travers la cité.

La visite sur chantier permet de constater que les rues prévues dans le plan initial sont bien tracées, larges et spacieuses. De petits commerces destinés pour l'approvisionnement et aux besoins des résidents fonctionnent (alimentation générale, coiffeur, restaurant, taxiphone, débit de boissons, librairie, pharmacie, boucherie, boulangerie……).

Alignés l'un à côté de l'autre, les immeubles déjà occupés présentent un aspect quelconque malgré le décor des façades, l'innovation dans l'architecture ayant été certainement absente durant la phase des études. On remarque cependant que les prescriptions contenues dans les plans d'aménagement de la ville sont, dans l'ensemble respectées : pas plus de six étages par immeuble. Cependant, le projet initial a subi une légère entorse. En effet, on remarque l'apparition de quelques tours en voie de réalisation, initiées par l'A.A.D.L. et programmée dans le cadre de la formule « location-vente ».

Si ces tours de 16 étages permettent d'économiser des terrains, seront-elles viables pour les futurs bénéficiaires, l'accès aux étages supérieurs devant être assurés par des ascenseurs qui nécessitent un entretien constant et soutenu. Y'aura-t-il suffisamment de pression pour alimenter en eau les habitants des étages supérieurs ? La réponse, à l'heure actuelle, serait négative, mais une amélioration pourrait intervenir dès la mise en service du barrage de Béni Haroun et le raccordement de cette cité nouvelle à cet ouvrage. (Voir photos pages suivantes).

Les transports quoique insuffisants, sont omniprésents malgré les chaleurs qui rendent l'air irrespirable. Ils relient cette cité à Constantine, El Khroub, Ain Smara.

---

[84] CNES, 2003 : Projet de rapport : l'urbanisation et les risques naturels en Algérie :

Source : Naît Amar Nadra, Février 2004.

inquiétudes actuelles et futures, 81p.

Source : Naît Amar Nadra, février 2004.

Source : Naît Amar Nadra, février 2004.

Source : Naît Amar Nadra, Février 2004.

Source : Nait Amar Nadra, février 2004.

Les réalisations qui semblent progresser du fait que des ménages ont déjà pris possession de leurs logements, la mise en service de certains équipements, se présentent à la date du 31 mai 2003 comme suit :

III.2.7.1. Habitat

La cité nouvelle dispose à la date ci-dessus indiquée d'un parc logements ainsi détaillé : **Tableau n° 43** : Situation des logements

Type	U.V.	Nombre de logements					Observations
		Inscrits	Achevés	Livrés	En cours	Non lancés	
Social	01	3257	-	-	2447	810	
	06	1701	1701	1701	-	-	-
	07	2958	2958	2958	-	-	-
	08	2597	2597	2597	-	-	-
	09	2133	-	-	2133	-	-
	Total	12 646	7256	7256	4580	810	-
Social participatif	01	386	-	-	112	274	En cours de lancement
		645	-	-	376	269	-
	05	1203	170	-	1033	-	-
	08	934	-	-	852	82	-
	13	3894	-	-	-	3 894	-
	Total	7062	170	-	2373	4519	-
Location-vente	01	300	-	-	300	-	
		300	-	-	300	-	
		400	-	-	400	-	
		400	-	-	400	-	
	07	1200	56	-	1144	-	
		400	-	-	400	-	
	09	500	-	-	500	-	-
	Total	3500	56	-	3444	-	-
Promotionnel	05	364	-	-	288	76	-
	Total	364	-	-	288	76	-
Coopératives immobilières	05	685	-	-	685	-	
	Total	685	-	-	685	-	-
TOTAL GENERAL		24 157	7482	7256	11 370	5405	-

Source : D.L.E.P. (antenne de la ville Ali Mendjeli – mai 2003)

<u>Remarque</u> : Les 7256 logements livrés ont été déjà attribués. D'après les renseignements recueillis auprès de la cellule de suivi de la ville nouvelle, d'autres logements seront attribués après le 31 mai 2003.

Tous les logements livrés et attribués appartiennent au programme social, donc destinés aux catégories issues des quartiers défavorisés.

III.2.7.2. Equipements

De l'examen du tableau ci-dessous, il ressort que de gros efforts ont été orientés surtout vers les équipements destinés au secteur de l'Education qui peuvent recevoir les élèves dès l'installation de leur famille dans la ville Ali Mendjeli. Cette initiative fort louable permet de prévenir toute perturbation dans la scolarité des élèves et éviter les longs déplacements aux jeunes adolescents.

Privilégié par rapport aux autres secteurs, il s'est doté de plusieurs établissements où des cours sont déjà dispensés depuis la rentrée scolaire 2001//2002.

Ainsi, les établissements achevés et opérationnels durant l'année scolaire 2002/2003 sont au nombre de :
- Groupes scolaires (primaire) : 06;
- Ecoles fondamentales (moyen) : 03;
- Lycée : 01.

Une école fondamentale et un lycée ouvriront leurs portes dès le début de l'année scolaire 2003/2004. Le nombre d'élèves actuellement scolarisés est de :
- Primaire ou 1er et 2ème paliers : 3025;
- Moyen ou 3ème palier : 2000;
- Secondaire : 457.

Soit un total de 5482 élèves.

Tableau n°44 : Situation actuelle des équipements.

1 – Equipements destinés à l'Education nationale et aux activités de la jeunesse

Désignation U.V.	Equipements					Observations
	Inscrits		Achevés	En cours	En voie de lancement	
	Nature	Nombre	Nombre	Nombre	Nombre	
U.V. 01	G.S.	03	-	03	-	Groupe scolaire (primaire)
	E.F.	01	-	01	-	Ecole fondamentale (moyen)
	Lycée	01	-	01	-	
U.V. 03	Cité U.	01	-	01	-	Cité universitaire (2000 lits)
	Places pédagogiques	01	-	01	-	4 000 places
U.V. 06	G.S.	03	03	-	-	Groupe scolaire (primaire)
	E.F.	01	01	-	-	Ecole fondamentale (moyen)
	Maison de la culture	01	-	01	-	
U.V. 07	G.S.	03	03	-	-	Groupe scolaire (primaire)
	E.F.	03	01	-	-	Ecole fondamentale (moyen)
	Lycée	01	01	-	-	
	Salle omnisports	01	-	01	-	450 places
U.V. 08	G.S.	01	01	-	-	Groupe scolaire (primaire)
	E.F.	01	01	-	-	Ecole fondamentale (moyen)
	Centre psycho-pédagogique	01	-	01	-	
U.V. 09	G.S.	03	-	03	-	Groupe scolaire (primaire)
	E.F.	01	-	01	-	Ecole fondamentale (moyen)
	E.F.	02	-	-	-	Ecole fondamentale (moyen)

Source : D.L.E.P. (antenne de la ville nouvelle Ali Mendjeli- mai 20

2 – Autres équipements.

Désignation U.V.	EQUIPEMENTS					Observations
	Inscrits		Achevés	En cours	En voie de lancement	
	Nature	Nombre	Nombre	Nombre	Nombre	
06	Centre de santé	01	01	-	-	
07	Hôpital	01	-	01	-	70 lits
	Agence postale	01	-	01	-	
	Cité administrative	01	01	-	-	
	Commissariat	01	01	-	-	Sûreté urbaine
	Jardin public	01	-	01	-	Avancement 70%
08	Mosquée	01	-	01	-	
09	Central téléphonique	01	-	01	-	
	Agence commerciale	01	-	01	-	Postes et télécom
11	Hôpital militaire	01	-	01	-	500 lits
	Protection civile	01	-	01	-	

Source : D.L E.P. (Antenne Ali Mendjeli – mai 2003).

La cité administrative qui a ouvert ses portes le 1er septembre 2002 abrite la plupart des services publics. On peut citer entre autres :

- Les impôts ;
- La caisse nationale d'assurances sociales (C.N.A.S.) ;
- Une antenne de la mairie d'El Khroub ;
- La cellule de suivi des réalisations de la ville Ali Mendjeli.

De l'examen de ces deux derniers tableaux, il ressort que les équipements destinés aux activités de la jeunesse (maison de la culture et salles omnisports) ne sont pas encore achevés. De ce fait, les jeunes sont livrés à la rue, privés de sport et de culture.

Si le sport est une discipline dispensée dans les établissements d'enseignement, il n'en demeure pas moins que le besoin de pratiquer cette activité, en particulier durant les week-ends et les vacances scolaires est une nécessité absolue.

Par ailleurs, un centre de santé a bien ouvert ses portes, mais est-il en mesure de couvrir les besoins d'une population qui croît de jour en jour, les équipements dont il est doté n'étant pas ceux destinés à un hôpital conventionnel.

Un hôpital d'une capacité de 70 lits est prévu dans la programmation, l'achèvement des travaux étant prévu pour le mois de juin 2003. Seule donc cette dernière structure serait en mesure de soulager la population des aléas des déplacements vers les unités sanitaires de Constantine ou d'El Khroub pour recevoir les soins appropriés.

Il y a lieu de préciser également que des cabinets de médecins privés fonctionnent, donc en mesure de recevoir les patients.

Pour répondre aux besoins des résidents et leur faciliter les démarches, d'autres organismes publics ont déjà pris possession des locaux qui leur sont destinés et sont dès à présent à la disposition du public. Il s'agit de : SONELGAZ, EPECO, OPGI.

En plus de tous les équipements achevés ou en cours de réalisation, une zone d'activités multiples (ZAM ex zone industrielle) destinée à accueillir diverses activités économiques a

été prévue. D'une superficie de 75ha elle comporte 238 lots. Les activités prévues dans cette zone sont surtout :
- Industrie de transformation;
- L'agro-alimentaire;
- La pharmaceutique médicale;
- La mécanique et la maintenance;
- Le textile;
- Le bâtiment et les travaux publics.

L'effectif global des emplois qui seront créés dès l'ouverture de cette zone est de 3000 postes, nombre infiniment minime par rapport à la population appelée à y résider.

D'autres équipements sont prévus pour l'ensemble de la ville nouvelle. Ces équipements complémentaires rentrent dans le cadre du programme sectoriel de développement (P.S.D. Promotionnel et étatique). Ils représentent l'ensemble des activités : Administrative, judiciaire, culturelle, sportive, éducative, commerciale, financière, médicale, loisir, télécommunication, artistique.

III.2.7.3.Population

Le nombre actuel d'habitants n'est pas encore bien arrêté, les arrivées de nouveaux résidents étant fréquentes.

Toutefois, si l'on estime que le taux moyen d'occupation d'un logement est de six personnes (information recueillie auprès de l'antenne de l'A.P.C de la ville Ali Mendjeli) on peut affirmer qu'à la date du 31 mai 2003, le nombre d'habitants s'élèverait à 43

536 âmes (chiffre obtenu comme suit : 7256 logements attribués X 6).

La grande majorité des habitants est issue des quartiers défavorisés (bidonvilles, glissement de terrains…..) de la ville de Constantine et d'El Khroub. Leur relogement dans la ville nouvelle est dicté par les conditions dans lesquelles vivaient ces populations et en particulier celles de Constantine dont les sites étaient constamment menacés par les glissements de terrain (Belouizdad, Kitouni, etc…) ou par l'effondrement des vieilles bâtisses de l'ancienne ville (Souika-Casbah). D'autres étaient domiciliés dans des bidonvilles.

III.2.7.4. Eau

L'alimentation en eau potable est assurée <u>provisoirement</u> par Boumerzoug, à raison de 30litres /seconde. Ce liquide précieux est distribué à la ville nouvelle deux fois par semaine : dimanche et jeudi. Ali Mendjeli sera raccordée au barrage de Beni Haroun dès l'achèvement des travaux prévus pour l'année 2004. Situé dans la Wilaya de Mila, ce barrage d'une capacité de 600 000 000m³, alimentera en eau potable plusieurs villes de l'Est dont Constantine et Ali Mendjeli.

III.2.7.5. Electricité et gaz

La SONELGAZ, société chargée de la distribution et de la commercialisation de l'électricité et du gaz, a procédé au raccordement au réseau électrique de tous les logements achevés et livrés. L'éclairage public a déjà été installé et fonctionne normalement. Les études de raccordement au réseau du gaz sont actuellement en cours. Or pour équiper cette grande cité en gaz naturel il est nécessaire « croit-on savoir la somme de 11,7 milliards de dinars. »[85]

III.2.7.6. Assainissement

En ce qui concerne l'assainissement, les responsables chargés de la réalisation ont scrupuleusement respecté les études comprises dans le projet initial, à savoir la prise en charge des eaux usées par les stations d'épuration d'El Khroub (pour les villes d'El Khroub et Ali Mendjeli) et d'Ain Smara (pour les villes d'Ain Smara et Ali Mendjeli).

Pour ce qui est de la partie Est, les travaux sont achevés à 100%. 16Km d'un diamètre de 1600 ont été posés. Quant à la partie Ouest où n'existe pratiquement qu'une cité universitaire où résident près de 1000 jeunes filles, les études ont été lancées et les travaux pourront être entamés dans un très proche avenir.

Cependant, comme il a été précédemment stipulé, l'évacuation des eaux de pluie pose un problème particulier. En effet, le dimensionnement des égouts qui doit être effectué en fonction du débit prévisible n'a pas dû faire l'objet d'une étude approfondie.

Des discussions avec quelques habitants de la ville nouvelle ont permis de constater les effets gênants auxquels ils sont tenus de faire face en cas d'intempérie. Effectivement, ils affirment que les pluies salvatrices qui se sont abattues cette année (2002/2003) sur

---

[85] Le Quotidien El Watan du 09.11.1999.

le pays et notamment sur la wilaya de Constantine ont provoqué une montée des eaux à certains niveaux de leur cité et ont transformé certaines artères en véritables bourbiers.

Les avaloirs ne doivent pas répondre aux normes et les gravats des différents chantiers accentuent les effets de cette situation qui gêne considérablement les résidents qui éprouvent beaucoup de difficultés pour accéder à leur demeure.

III.2.7.7. Liaison de la ville Ali Mendjeli à l'autoroute Est-Ouest

D'une longueur de 1216Km, ce projet d'importance stratégique auquel sera reliée la ville Ali Mendjeli, s'inscrit dans le cadre du plan d'aménagement du territoire et reliera El Tarf (à l'Est) et Maghnia (à l'Ouest).

Lancée en 1987, cette autoroute qui servira de trait d'union entre certains centres urbains et industriels, conçue comme « un projet structurant » qui contribuera à l'essor de l'économie et au développement du pays, générera près de 100 000 emplois.

Mais les lenteurs accusées dans sa réalisation et les résultats obtenus jusqu'à ce jour, 200km réalisés en plus de 10 ans disséminés sur l'ensemble du projet, ne sont pas encourageants. La liaison de la ville Ali Mendjeli à cette infrastructure permettra de favoriser les échanges entre les localités qui s'approvisionnent à Constantine et contribuerait au transfert des activités commerciales qui pourrait être envisagé afin de désengorger Constantine dont le centre abrite une grande partie.

Dans la wilaya de Constantine, seul l'évitement de la ville d'Ain Smara a été ouvert à la circulation. Quant à l'échangeur prévu au lieu-dit « les quatre chemins » qui doit relier la ville nouvelle à l'aéroport, il est en cours de réalisation.

CONCLUSION

La forme de la ville nouvelle Ali Mendjeli, vaste chantier, ayant déjà accueilli ses premiers lots d'habitants, se dessine petit à petit.

Cependant, la lenteur apportée à la réalisation aussi bien des logements (plus de 7000 entre achevés et livrés) que des équipements, sur une période de 8 années (le premier "coup d'envoi" ayant été donné en 1994) n'est pas favorable à la ville de Constantine qui, si le même rythme est maintenu, verrait les maux dans lesquels elle se débat se multiplier encore, la pression sur les infrastructures existantes s'accentuer, la densité des occupants des logements augmenter, la circulation automobile s'intensifier.

Atténuer les difficultés de la ville mère ne signifie nullement loger tout simplement l'excédent de sa population. Fixer les habitants de la ville nouvelle sur leur lieu de résidence, est la solution idéale susceptible de décongestionner Constantine.

Nouveau site d'urbanisation, disposant d'une réserve foncière importante de 1500ha, au lieu de constituer un simple centre de report de croissance, devrait participer à la dynamique urbaine et économique de Constantine.

Il est donc impératif de se préoccuper sur l'identité de cette nouvelle entité, de lui définir sa mission (universitaire, ou industrielle, ou artistique, ou culturelle, etc...) conformément à la loi n°02-08 du 08 mai 2002 relative aux conditions de création des villes nouvelles et de leur aménagement (article 6 alinéa 5).

La fonction de base assignée à chaque ville nouvelle, n'a pas été déterminée, faisant ainsi de cette cité une ville quelconque, sans objectif précis ayant actuellement pour mission primordiale, vu l'urgence, d'accueillir des citoyens de Constantine et d'El Khroub en difficulté, à la recherche d'un toit.

Cependant, le fait de n'avoir pas attribué une fonction précise ne signifierait, nullement, une carence des autorités ou des spécialistes ayant réfléchi et élaboré sa programmation, mais serait plutôt motivé par des considérations tout à fait particulières :
- La loi sus-visée a été promulguée plusieurs années après la mise en chantier de cette ville nouvelle ;
- Les bidonvilles, l'habitat précaire, les glissements de terrain, la poussée démographique, l'exode rural, les effondrements sont autant de facteurs qui ne permettaient point de réfléchir à une fonction mais incitaient plutôt à trouver, très rapidement, une solution et à prendre des mesures urgentes pour atténuer le poids des endurances sociales dont souffre une bonne partie de la population ;
- La crise économique, le poids de la dette extérieure sont des éléments qui ne favorisent guère la désignation d'une mission autre que celle de recevoir les citoyens en détresse, les équipements destinés à une fonction qu'elle soit industrielle, commerciale ou culturelle nécessitant des moyens colossaux que la situation passée et présente du pays n'est pas en mesure de supporter, à court terme, sachant qu'avec le terrorisme destructeur et les

catastrophes naturelles qui ont affecté le pays, n'incitent pas à prévoir une quelconque fonction à cette cité.

Par la proximité de l'axe autoroutier, en cours de réalisation, et de l'activité aéroportuaire toute proche, elle pourrait se voir confier dès à présent et comme précisé précédemment non pas une mission de « cité dortoir » mais celle d'une base économique orientée vers le tertiaire supérieur (infrastructures administratives et socio-culturelles) et de l'industrie (sous-traitance et maintenance, agro-alimentaire).

La proximité de l'aéroport international Mohamed Boudiaf lui donne la possibilité de s'orienter vers d'autres créneaux en rapport avec la libéralisation de l'économie (zone de dépôts, zone sous douanes).

Effectivement, la viabilité d'une aussi grande agglomération repose sur le niveau des possibilités d'activités qu'elle peut offrir. Une zone d'activités multiples (Z.A.M) a bien été créée mais n'est pas encore fonctionnelle malgré les efforts déployés par les autorités pour attirer les activités créatrices d'emplois. Les postes de travail prévus, soit 3000 sont nettement inférieurs par rapport aux besoins de cette cité, les habitants de condition précaire étant pour la plupart sans emploi.

Des organismes publics se sont bien installés sur le site mais ne sont pas source d'emplois, le personnel qui exerce actuellement n'ayant fait l'objet que d'un transfert vers la ville nouvelle. Par ailleurs, des petits commerces qui facilitent beaucoup la vie des habitants prolifèrent mais ne sont pas créateurs d'emplois.

Cette situation, combien défavorable aux résidents, contraint quelques-uns à effectuer de longs déplacements pour se rendre à leur travail et bien sûr à faire face à des dépenses supplémentaires (transport) malgré leur revenu très modeste.

De ce fait, la ville Ali Mendjeli risque, si l'emploi ne suit pas l'habitat, de rejoindre le lot des nombreuses agglomérations et cités qualifiées de « cités dortoirs ».

Enfin, on peut affirmer que le plateau d'Ain El Bey est le premier producteur de logements dans la wilaya de Constantine mais il est le dernier innovateur en architecture.

CONCLUSION GENERALE

L'inventaire des problèmes de la ville mère, Constantine dont les causes sont connues depuis fort longtemps, certaines d'entre elles ayant pour origine la colonisation et ses conséquences et les difficultés insurmontables dans lesquelles se débat celle-ci depuis plusieurs années, ont amené les pouvoirs publics à décider d'un redéploiement des populations « en surnombre » et de certaines activités encombrantes de la grande métropole vers ce qui a été créé, à cette fin, dénommé communément le groupement des communes de Constantine.

Cependant, si la stratégie définie à l'époque a apporté un petit semblant de solution à la crise chronique de logements, elle n'a pas pour autant aplani les difficultés des citoyens et du centre de la ville de Constantine, les équipements et services n'ayant pas suivi dans la réalisation de cet ensemble qui peut être qualifié de cité « *Ghetto* ».

Pour se plonger dans l'ambiance suffocante qui règne à l'intérieur de la ville de Constantine, il est plus que passionnant de se référer à certains passages de l'ouvrage intitulé « *Ez-zilzel.* »[Le Séisme], de Tahar Ouettar, qui décrit parfaitement la réalité de tous les jours dont voici quelques extraits : « Tous ces gens, toutes ces voitures qui foncent n' importe comment ! On ne sait où donner de la tête. ».

« Dieu tout puissant ! Quelle bousculade ! En arrivant ici avec ma voiture, j'ai bien failli l'abandonner en pleine rue, tellement ils me faisaient peur en se jetant sur elle comme des mouches. On se croirait au jour de la résurrection ! Pressés les uns contre les autres comme des fous. ».

Il enchaîne ensuite : « Bon Dieu ! On étouffe dans cette ville ! Cinq cent mille au lieu de cent cinquante mille ! Un demi-million à pousser et à s'entasser sur ce rocher. Délaissant villages et douars. Ils ont envahi la ville et la remplissent. ».

« Nous sommes dans le lit d'un fleuve, au cœur d'un océan. La poussée s'énerve dans tous les sens, vers le haut, vers le bas, en avant, en arrière. Le flot charrie tout ce que l'on veut. Ils sucent jusqu'à l'air. ».

Réaliser des logements sans prendre en considération les règles les plus élémentaires qui régissent l'habitat et l'urbanisme, ne peut pas aboutir aux résultats escomptés, les problèmes que vivent au quotidien les citoyens, étant toujours en suspens.

Bien plus, les communes sur lesquelles s'est rabattue Constantine pour résorber « son surnombre », ont démontré leur incapacité à prendre en charge un fardeau aussi lourd et ont subi, au contraire, les contrecoups de la ville mère.

Saturées elles aussi comme Constantine, elles aspirent à un éventuel décongestionnement qui leur permettra de souffler et de reprendre, peut-être, s'il n'est pas déjà trop tard, leur quiétude d'antan.

Aussi, pour mettre un terme à une situation qui perdure et aussi embarrassante que dramatique, et après l'examen de toutes les solutions proposées, les autorités ont décidé, pour sortir de l'impasse dans laquelle s'est engagée leur cité et avec elle les satellites, de créer <u>une ville nouvelle sur le plateau d'Ain El Bey.</u>

Ce projet qui représente une initiative louable est d'une importance extrême dans la mesure où il jouera le rôle de modérateur et de relais qui devra s'intégrer dans un programme de décentralisation et de transfert de compétence à la condition toutefois de lui donner les outils juridiques appropriés.

Il est aussi évident que l'objectif de cette ville est d'organiser la croissance des différentes communes formant le groupement dont Constantine, El Khroub et Ain Smara plus particulièrement, et à contribuer à résoudre les problèmes de celles-ci dans tous les domaines (économique, social, culturel, etc.).

Cependant, en matière de croissance, l'approche de ce phénomène aurait dû non pas se limiter à la ville et à son environnement immédiat (grand Constantine) mais adopter une vision beaucoup plus large (espace de la wilaya) qui aurait permis une compréhension plus complète des problèmes. Opter également pour une démarche consistant à inscrire l'avenir de Constantine dans le cadre de sa région conduit à mieux équilibrer la démographie.

La création de cette ville permettrait de :
- Conduire et de diriger le futur développement ;

- Lutter contre les tendances de concentrations excessives des populations sur certains pôles ;
- Arriver à développer, à un rythme soutenu, une urbanisation de qualité ;
- Assurer une maîtrise du foncier sur l'ensemble du site.

Toutefois, il est indispensable de lui définir, dès à présent, la mission particulière qui lui sera dévolue et de lui déterminer les objectifs d'aménagement auxquels elle devra parvenir.

Un ensemble d'interrogations peut-être soulevé :
- L'alimentation en eau qui constitue l'élément essentiel de la vie et l'outil essentiel d'aménagement sera-t-elle assurée correctement et continuellement, à court, moyen et long terme, sachant que les différents forages effectués ont abouti à la faiblesse des débits et que le nombre d'habitants prévu à long terme est de 320 000 ? La solution qui consiste à raccorder la ville au barrage de Béni Haroun risque de tarder du fait que ce dernier est toujours en chantier ;
- A- t-on songé à rechercher d'autres ressources en eau superficielle et souterraine, en attendant la « mise en marche » de ce barrage ? ;
- A- t-on pris, aujourd'hui, face aux changements politico-économiques que connaît le pays, toutes les garanties pour assurer la continuité de cette réalisation ?

L'ampleur de la demande qui se dessine à travers les perspectives tracées, va nécessiter, sans aucun doute, des crédits colossaux qu'il faudra mobiliser surtout que les matériaux de construction subissent des fluctuations sur le marché, aussi bien intérieur qu'extérieur et sont soumis aux fluctuations du prix du baril de pétrole, (principale source de devises) et à celles du dinar.

Pour éviter les modifications intempestives, la maîtrise du coût est une condition impérative et est subordonnée au respect des délais qui permet de rester dans le cadre financier défini au départ.

La production du logement social nécessite annuellement un crédit d'environ 4,2 milliards de dinars dont la destination est la concrétisation des objectifs arrêtés par le groupement des communes.

Assisterons- nous, comme par le passé à abandonner la réalisation d'installations et d'équipements pour pouvoir mener à son terme la construction de logements ?

Dans l'affirmative, cette ville sur laquelle sont placés tous les espoirs, subira le même sort que les cités – dortoirs, Constantine et son groupement continueront, alors, à « patauger » dans la croissance.

En d'autres termes, a- t-on suffisamment de recul pour dire que ce projet continuera de bénéficier des mêmes critères et dispositions - matérielles entre autre - pour sa réussite ?

Par ailleurs, malgré l'importance future qui lui est donnée et les objectifs qui lui sont assignés, la ville nouvelle qui est à proximité d'un aéroport international, ne représente pas une entité administrative au sens propre et juridique du terme. En terme plus simple, quel est ou quel sera le statut de cette ville ?

D'après le découpage administratif actuel, le site de cette ville chevauche sur le territoire des communes d'El Khroub et d'Ain Smara.

Malgré l'état de chantier dans laquelle elle se trouve, les deux communes administrantes (El Khroub, Ain Smara) et celle de Constantine « se disputent » le site qui a vite éveillé les convoitises des héritiers légaux et déclarés du plateau d'Ain El Bey.

Définir son statut invitera la ville mère et les deux communes du groupement à réfléchir, dès à présent, sur les compétences et les missions qui seront confiées à ce « *nouveau-né.* ». Lui désigner un cadre juridique propre lui permettra de "se prendre en charge" et d'évoluer sereinement. Placer à la tête de cette entité nouvelle une structure ayant pour mission la gestion et l'administration serait d'un grand apport pour mettre en place les éléments concordants à la réalisation des différentes opérations d'aménagement et d'urbanisme et pour assumer efficacement la coordination des différentes actions programmées.

Cependant, l'adoption en 1995 du plan d'aménagement de la wilaya de Constantine (P.A.W.) inclut la ville nouvelle mais ne la retient pas dans le programme des villes nouvelles.

Par ailleurs, de la lecture du rapport général sur les villes nouvelles élaboré par le CNES, chargé entre autre d'émettre des appréciations sur les villes nouvelles (séance plénière d'octobre 1995), il ressort que le dossier de celle d'Ain El Bey ne lui a pas été soumis. Ne serait-elle donc pas inscrite dans une vision globale d'organisation de l'espace, prenant en compte, en priorité, le développement des systèmes urbains et ruraux et l'articulation des réseaux existants ?

La réponse, si on se réfère toujours à ce rapport, serait négative du fait qu'il donne la précision suivante:« Ce point est très perceptible dans l'analyse des documents examinés où la relation ville nouvelle - armature existante n'apparaît nullement à un point tel que les métropoles régionales Oran, Constantine, Annaba sont totalement évacuées. ».(p16). Il souligne que ces métropoles qui « connaissent des phénomènes d'hypertrophie et de détérioration de l'environnement semblables à ceux d'Alger, sont totalement ignorées. »(p17).

De cette décision (du P.A.W), ne risque t- elle pas d'être la banlieue du groupement de Constantine ? A moins qu'un prochain découpage administratif ne l'élève à un rang qui lui permettra d'avoir un statut.

Son maintien, à l'état actuel, ferait d'elle une grande cité qu'il faudra « *accrocher* » à la ville (laquelle ?) et créera ainsi un « continuum » urbain entre elle et la ville. Les conséquences seront désastreuses aussi bien pour ce projet, source de vie, que pour

Constantine (surtout) et l'ensemble du groupement qui persisteront dans leur déplorable situation.

Sans statut propre, elle sera « une ville dans la ville » et viendra grossir le lot des cités dortoirs qui ceinturent Constantine et son groupement, comme le sont certaines grandes cités qui entourent l'agglomération d'Alger : Ain Nadja- Garidi I et II- Bab Ezzouar (150 000 habitants à elle seule). Ces cités, en fait de villes nouvelles qui ne disent pas leur nom, sont les conséquences du style de construction des années 1960/ 1970/ 1980.

A proximité de Constantine, Ain El Bey subira-t-elle l'influence de la métropole et épouser son cachet ? Ou aura-t-elle un cachet propre et un supplément d'âme qui lui permettra d'affirmer son identité et sa personnalité ? Important par sa taille (320 000 habitants à long terme), le projet d'Ain El Bey est un mode de développement nouveau en Algérie.

Les principaux éléments qui composent le système urbain, donnent la forme particulière à la ville et induisent son mode de fonctionnement, peuvent être identifiés en deux types d'éléments structurants qui constituent l'ossature formelle de la ville:
- les éléments ponctuels : pôles (centre principal, centre secondaire) et les éléments directionnels et de liaison (axe, boulevard.) ;
- Les trames : trame viaire, trame d'équipements, etc.

La structure viaire qui peut prendre des configurations diverses détermine la distribution des différents éléments composant la ville. Le schéma directeur démontre que :
- La ville nouvelle s'organise le long de deux grandes artères qui s'entrecroisent perpendiculairement et la partagent en quatre ;
- Une hiérarchisation de la voirie qui est perçue à travers le dimensionnement et le traitement des différentes voies de communication ;
- Une différenciation des voies en fonction de leur rôle de desserte ;
- Voie de desserte régionale (liaison autoroute Est - Ouest) ;
- Voie de desserte de banlieue ;
- Voie de desserte intra - muros.

Par ailleurs, une analyse fort simple permet de constater que la forme de la structure viaire est mixte et hiérarchisée. Quant aux centres secondaires, ils sont distribués grâce à des artères rayonnantes qui convergent vers l'artère principale linéaire et qui donnent des possibilités d'extension à la ville.

La hiérarchisation de la voirie dont le choix de la principale est guidé par le réseau existant (chemin de wilaya n°101) et l'autoroute Est-Ouest permet de desservir les zones d'habitat, d'équipements et d'activités et rend efficaces les relations fonctionnelles de l'ensemble des équipements structurants de la ville.

Cependant, il est de notoriété publique et en particulier dans les pays en voie de développement, qu'il y a toujours eu une discordance entre le théorique (textes, études, plans, etc.) et le concret (ce que l'on constate lors de la réalisation des projets.) L'expérience confirme cette vérité. Nombre d'opérations entreprises ont toujours été, du moins pour la plupart, accompagnées du « goût de l'inachevé ».

Contrairement à la vision qui a conduit à sa création et devant la nécessité absolue de trouver au plus tôt une issue aux conditions déplorables des quartiers précaires (le spectre des inondations du 10 novembre 2001 à Alger et en d'autres régions du pays) et d'accueillir dans les meilleurs délais le surplus des populations de Constantine et d'El Khroub, l'urgence apportée à la réalisation de cette entité nouvelle a abouti à une certaine confusion : multitude de types d'habitat (logement promotionnel, logement évolutif, logement social, logement participatif, lotissements, etc.) et de multiples intervenants (Etat, wilaya, A.P.C, A.A.D.L, O.P.G.I, etc.).

La création des conditions d'habitat, quand bien même elles seraient réunies, s'avère insuffisante. En effet, d'autres facteurs devraient être pris en considération. « La ville est un espoir économique, creuset de l'innovation, du développement, de la modernité. Elle doit bien fonctionner, équilibrer correctement emplois, logements, commerces, infrastructures et équipements socioculturels. »[86]

---

[86] Mutin G, p91.

La ville nouvelle Ali Mendjeli présente, dès le départ l'aspect d'une Z.H.U.N. et ne dispose de fait d'aucune base économique susceptible de lui procurer des ressources financières pour son fonctionnement et de lui permettre de créer un grand nombre de postes de travail dont pourraient bénéficier les résidents.

Si l'on considère le nombre actuel d'habitants et les équipements livrés à ce jour appartenant uniquement au secteur tertiaire qui n'est point une source importante de création d'emplois, sachant que les restrictions budgétaires imposées par l'Etat (situation économique difficile) amènent les gestionnaires, comme par exemple ceux de l'Education Nationale à transférer tout simplement des postes budgétaires d'un établissement vers un autre, il apparaît que l'équilibre habitat - emplois n'est pas réalisé. De ce fait, les migrations ne seront point réduites et les déplacements vers Constantine surtout, El Khroub et Ain Smara.

Par ailleurs, il est impératif de connaître la nature des populations qui seront appelées à habiter et activer dans cette ville. Jusqu'à présent, la grande majorité des populations résidentes est constituée des couches les plus démunies issues des quartiers défavorisés de Constantine et d'El Khroub. Aux revenus instables, elles continuent à activer en dehors de leur nouveau lieu de résidence. Les données communiquées par Monsieur Laieb, professeur, lors du séminaire national sur "Une ville nouvelle, pourquoi ?" sont de 37% de Constantine et de 20% d'El Khroub.

En matière d'architecture, l'étude du règlement d'un P.O.S. n'impose aucun style architectural, malgré la richesse du patrimoine de cette région. Les seules précisions que donne ce document sont :
- « Les constructions doivent présenter une diversité d'aspect architectural. Toutefois, chaque ensemble d'édifices doit présenter lui - même une simplicité de volume ;
- « Les constructions doivent être en harmonie avec l'aspect et la forme du paysage urbain à l'exception d'édifices ayant un cachet particulier ou présentant un intérêt d'étude spéciale. ».

N'aurait- il pas fallu imposer un style d'architecture basé sur notre patrimoine, nos traditions, nos mœurs, notre culture ? Ou bien, cherche t- on simplement à faire de l'architecture sans architecture ?

Pour mieux illustrer cette question, un texte de Diderot s'y prête convenablement :

« Il est une connaissance entièrement négligée par ceux qui sont à la tête de l'administration ; c'est celle de l'architecture. Cependant, ce sont ceux qui ordonnent les monuments publics, qui font le choix des artistes, à qui l'on présente des plans et qui décident de ce qu'il convient d'exécuter. Comment s'acquittent – ils de cette partie de leur fonction, qui touche de si près à l'honneur de la nation, s'ils sont sans principes, sans lumière et sans goût ? Il en coûtera des sommes immenses et nous n'aurons que des édifices petits et mesquins. Il n'y a point de sottises qui durent plus longtemps et qui se remarquent davantage que celles qui se font en pierre et en marbre. Un mauvais ouvrage de littérature passe et s'oublie, mais un monument ridicule subsiste pendant des siècles, avec la date du règne sous lequel il a été construit. ».[87]

Le visiteur qui pénètre pour la première fois dans cette cité est frappé par l'atmosphère morose qui enveloppe cette ville où aucun élément (à part l'U.V.06 où ont été créées quelques zones vertes) permettant d'agrémenter et d'égayer un tant soit peu le paysage : pas d'arbres, pas d'espaces verts, que du béton et des carcasses d'immeubles aussi rebutants qui n'incitent guère à prolonger le séjour. La sécheresse aiguë qui a sévi durant plus de cinq ans aurait éclipsé les espaces verts dont les emplacements sont prévus, la quantité d'eau, cette denrée rare, qui sert à les entretenir serait beaucoup plus bénéfique à l'homme pour étancher sa soif et au verger sa source de vie. Les nombreux chantiers disséminés aux quatre coins de la ville, les engins qui déversent tous genres de matériaux ne favorisent guère la plantation des arbres et l'entretien d'éventuels espaces verts.

Cette cité semble perdue dans un « no man's land » où durant la période des chaleurs l'air mélangé à de la poussière devient irrespirable.

Par ailleurs, des informations recueillies auprès d'un certain nombre de résidents font apparaître qu'en cas de fortes pluies, les routes deviennent impraticables, les regards réalisés n'ayant pas

---

[87] Diderot, 1760.

suffisamment de capacité pour « avaler » les eaux qui dévalent de toute part.

N'est- il pas encore trop tôt pour trouver une solution à ce problème et corriger, dès à présent, cette imperfection afin de prévenir toute situation ambiguë, sachant que cette cité est appelée à accueillir, à long terme plus de 300 000 habitants ?

Enfin, des données dont nous disposons, il semble que cette cité nouvelle ne soit pas destinée à l'organisation d'un espace régional. Sa réalisation rentrerait, à priori dans le cadre de la production de logements ayant pour objectif d'atténuer la crise croissante qui sévit dans le marché immobilier et d'apporter une solution aux problèmes d'habitat dont souffre une population confrontée à des difficultés insurmontables (glissements de terrain, bidonvilles, vétusté du cadre bâti etc.) et aussi d'atténuer le chaos, déjà très avancé de la grande métropole, d'une autre extension périphérique non coordonnée comme les précédentes.

Beaucoup d'insuffisances laissent à penser « que cette forme d'urbanisation a, à notre sens, un cachet singulier. C'est plus une recherche de terrains urbanisables qu'une politique urbaine inséparable d'une politique d'aménagement du territoire. ».[88]

« Coincée entre les approches technicistes des P.O.S, C.E.S, et C.O.S et les fondements idéologiques de la table rase pour toute démarche de conception, la ville nouvelle d'Ain El Bey s'apprête déjà à assurer une continuité malheureuse avec les Z.H.U.N aux espaces anonymes et aux bâtiments perdus dans le no man's land urbain. ».[89]

Lors du séminaire national des 22 et 23 mai 2001 qui a eu pour thème « une ville nouvelle, pourquoi ? » Monsieur le Wali de Constantine a affirmé, au sujet de la ville nouvelle Ali Mendjeli qu'il s'agit « d'une très bonne approche et d'une expérience qu'il fallait tenter. Pour l'instant, loger les habitants est notre souci quotidien. La situation préoccupante de Constantine nous a incités à créer cette ville. La réussite ou l'échec de cette ville ne pourra être connu que dans une vingtaine d'années. ».

On peut espérer qu'Ali Mendjeli ne soit pas une « belle » illusion et ne sera pas une ville sans âme, sans aucun rôle préalablement défini, rôle qui permet d'offrir aux résidents une stabilité.

---

[88] Labi B, 2001 ; Ville nouvelle. Constantine, une métropole en éclats, p29.
[89] Guenadez et All, 2001 ; Ville ancienne, ville nouvelle : question de la référence iconographique p 12.

POST-SCRIPTUM

Les espérances nourries par la concrétisation de cette ville ne sont, en fin de compte, qu'une désillusion amère, la ville de Constantine qui devait tirer les premiers bénéfices étant toujours submergée par les cohortes issues des cités environnantes et en particulier de celle de Ali Mendjeli.

Déambuler en 2012, sans aucun but, à travers les rues poussiéreuses de cette dernière, donne le sentiment, deux ou trois décennies après, d'avoir été trompé dans son rêve de voir jaillir, à quelques encablures de Constantine, une ville supposée être le lieu où il « fait bon vivre ».

La monotonie des immeubles dont certains sont déjà crasseux, l'état de dégradation d'un grand nombre d'entre eux, les fenêtres, les portes et les balcons barricadés évoquant l'enfermement, l'absence d'esthétique, la pauvreté du style architectural, la disparition totale dans la construction de l'authenticité liée à notre civilisation et à nos traditions, l'insuffisance criarde d'espaces de loisirs et de détentes, sont, parmi tant d'autres carences, quelques constituants qui font que cette ville est désagréable à un séjour même très court. Certains quartiers dont les habitants ont transporté le mode de vie adopté dans leur bidonville d'origine offrent l'image d'authentiques ghettos, lieux de prédilection de maux sociaux où règne l'insécurité. Les imperfections constatées çà et là, la non observance des normes de dosage des matériaux ont conduit à la démolition de quelques équipements et infrastructures, notamment une mosquée. Actuellement, elle présente l'apparence, malgré l'implantation d'un important pôle universitaire, d'une ville froide, sans âme où règne une atmosphère mélancolique et sombre.

La qualité architecturale
Source : Nadra NAIT AMAR, Septembre 2010

Source : Nadra NAIT AMAR, Septembre 2010

Cette dernière qui n'a toujours pas de statut administratif, arrimée à la commune d'El Khroub, aurait pu être d'un apport précieux pour Constantine si certains équipements pourvoyeurs d'emplois avaient été réalisés.

Ainsi, pour que celle-ci ne soit pas qualifiée de cité dortoir, elle aurait dû être dotée d'unités destinées à stabiliser les populations et par là, réduire le rythme infernal des migrations pendulaires tant décriées et soulager un tant soit peu Constantine.

Le flux considérable de véhicules qui encombrent l'axe routier Ali Mendjali-Constantine donne l'impression d'un déferlement vers la capitale de l'Est d'une armée d'invasion motorisée dont l'ordre de marche est donné chaque matin et le retrait chaque fin d'après-midi.

Enfin, si le « problème du sommeil » des populations défavorisées de Constantine est sur le point d'être résolu, celui de la sédentarisation qui appelle la création de nombreux emplois, est loin de se résoudre et semble perdurer dans le temps. Constantine continuera donc de subir, le jour, les assauts répétés de ses anciens résidents déplacés et ne retrouvera sa sérénité que la nuit.

Cette ville nouvelle aurait pu mettre à profit sa situation géographique d'excellence, sa proximité de l'aéroport international Mohamed Boudiaf, pour s'affirmer et concrétiser les aspirations légitimes de ses populations. Elle ne pourrait devenir attractive et assurer le bien-être et la qualité de vie de ses habitants que dans la mesure où l'investissement est encouragé et favorisé. La contribution du pôle universitaire, s'il est compétitif et associé à la vie de la cité, serait un précieux concours pour le développement et le rayonnement futur de la ville. Les potentialités qu'il recèle insuffleraient donc une dynamique de croissance en apportant leur savoir-faire pour créer des richesses et changer la physionomie de cette agglomération qui est, pour le moment, un vaste « ensemble d'hôtels » destinés à offrir le repos nocturne à tous ceux qui, le jour, vivent ailleurs.

Les immondices

Source : Nadra NAIT AMAR, Avril 2012

BIBLIOGRAPHIE
1 Ouvrages

- **ALMI S.**, 2002 : Urbanisme et colonisation : présence française en Algérie. Sprimont, Ed Mardaga, 159p.

- **ANDERSON.A**, 1998 : Politiques de la ville, de la zone au territoire. Paris, Découverte et Syros, 286p.

- **ASCHER.F.**, 1995 : Métapolis ou l'avenir des villes. Paris, Odile Jacob, 346p.

- **BALTA. P et All**, 1989 : Algérie. Paris/Alger, Nathan et A.N.A.L., 207 p.

- **BEAUD. M.**, 1999 : L'art de la thèse, comment préparer et rédiger une thèse de doctorat, de magister ou un mémoire de fin de licence. Alger, casbah, 172 p.

- **BENABBAS. S.**, 1988 : Mutation économique technologique et urbanisation des grandes villes. Oran, URASC, 29p.

- **BENACHENHOU. A.**, 1980 : Planification et développement en Algérie 1962 – 1980. Alger, Les presses de l'EN, 301p.

- **BENACHOUR A** : L'expérience algérienne de planification et de développement 1962-1982. Alger, O.P.U, 337p.

- **BENAMRANE. D.**, 1980 : Crise de l'habitat et perspectives de développement socialiste en Algérie : 1945-1980. Alger, CREA, 306p.

- **BENBITOUR A.**, 1998 : L'Algérie au troisième millénaire, défis et potentialités. Alger, Marinoor, 247p.

- **BENMALTI. N –A.**, 1982 : L'habitat du Tiers – Monde. Alger, SNED, 275p.

- **BENEVOLO. L.**, 1998 : Histoire de l'architecture, tome 1, 2, 3. France, Dunond.

- **BENEVOLO. L.**, 1994 : L'histoire de la ville. France, Parenthèse, 509p.
- **BENY-CHIKHAOUI. I, DEBOULET. A**, 2000 : Les compétences des citadins dans le monde arabe, penser, faire et transformer la ville. Paris, Karthala, 406p.
- **BENZEGOUTA. M.**, 1999 : Cirta-Constantine de Massinissa à Ibn Badis trente siècles d'histoire tome 1. Constantine, A.P.W., 254p.
- **BERTHIER. A, CHIVEY.**, 1937 : Constantine son passé, son centenaire. Constantine, Braham, 500 p.
- **BOUBEKEUR. S.** : L'habitat en Algérie, stratégie d'acteurs et logiques industrielles. Lyon, P.U.L, 1986, 256p.
- **BOUROUIBA R.**, 1978 : Constantine. Alger, Ministère de l'information et de la culture, 155p.
- **BOUZIDI. A** : Questions actuelles de la planification algérienne. Alger, EMAP, 175p.
- **BRULE JC, FONTAINE J.**, 1986 : L'Algérie, volontarisme étatique et aménagement du territoire. Alger, Office des publications universitaires, 248 p.
- **CHALINE C.**, 1974 : 9 Villes nouvelles, une expérience française d'urbanisme. Paris, Dunond, 207p.
- **CHALINE C.**, 1985 : Les villes nouvelles dans le monde. Paris, Presses universitaires de France, collection que sais-je ? 127p.
- **COTE M.**, 1979 : Mutations rurales en Algérie, le cas des hautes plaines de l'est. Alger, Office des publications universitaires/Paris C.N.R.S, 163p.

- **COTE M.**, 1983 : L'espace Algérien : les prémices d'un aménagement- Constantine. Alger, Office des presses universitaires, 278p.
- **COTE M.**, 1993 : L'Algérie, ou l'espace retourné. Constantine, Média-plus, 362p.
- **COTE M.**, 1996 : Paysage et patrimoine, guide d'Algérie. Alger, Média- plus, 319p.
- **COTE M.**, 1996 : L'Algérie, espace et société. Paris, Armand Colin, 253p.
- **CUILLER. F.**, 1999 : Les débats sur la ville. France, Confluences, 245p.
- **DELFANTE. C., PELLETIER J**, 1994 : Villes et urbanisme dans le monde. Paris, Masson, 200p.
- **DELFANTE. C.**, 1997 : Grande histoire de la ville de la Mésopotamie aux Etats-Unis. Paris, Masson et Armand Colin, 461p.
- **DELUZ. J.J.**, 2001 : Alger, chronique urbaine. Paris, Boucherie, 239p.
- **DESCLOITRES. R et ALL.**, 1961 : L'Algérie des bidonvilles. Le tiers monde dans la cité. Paris, Mouton et CO, 127p.
- **DJAOUT. T. :** « Architecte : l'homme invisible » Habitation, Tradition, Modernité, H.T.M., Algérie 90 ou l'architecture en attente, n° 1 octobre 1993.
- **DRIS. N.**, 2001 : La ville mouvementée. Espace public, centralité, mémoire urbaine à Alger. France, L'Harmattan, 435p.
- **DRYEF. M.**, 1993 : Urbanisation et droit de l'urbanisme au Maroc. Rabat, CNRS, 399p.

- **DUHAC. R, SANSON. H et ALL.**, 1974 : Villes et société au Maghreb, étude l'urbanisation. Paris, CNRS, 215p.
- **DURAND JP, TENGOUR H.**, 1982 : L'Algérie et ses populations. Bruxelles, Ed complexe, 302p.
- **EBENZER. H.**, 1969 : Les cités jardins de demain. France, Dunond, collection Aspects de l'urbanisme, 125p.
- **FECHUER E.**, 2002 : Souvenirs de là-bas : Constantine et le constantinois. Paris, Ed calman-Levy, 143p.
- **FOURA M,** 2003 : Histoire critique de l'architecture, architecture pendant les 18°, 19° et 20° siècle. Alger, office des publications universitaires, 314p.
- **GAUTIER. E-F.**, 1964 : Le passé de l'Afrique du Nord. Paris, Petite Bibliothèque Payot, 432p.
- **GLANCEY. J.**, 2001 : Histoire de l'architecture. Paris, Sélection du Reider's digest, 240p.
- **GRANGAUD I.**, 2002 : La ville imprenable : une histoire sociale de Constantine au 18éme siècle. Paris, Ecole des Hautes études en sciences sociales, 368p.
- **GUEZ. J-P.**, 1998 : Le sens caché de la ville Méditerranéenne. France, De l'espérons, 183p.
- **HAFIANE. A.**, 1989 : Les défis à l'urbanisme, exemple de l'habitat illégal à Constantine. Alger, Office des publications universitaires, 290p.
- **HAUMONT. N, JALOWIECKI. B et ALL.**, 1999 : Villes Nouvelles et villes traditionnelles, une comparaison internationale. France, L'Harmattan, 341p.
- **KATEB. Y.**, 1975 : Nedjma. Paris, Du seuil, 256p.

- LAAROUK. M., 1984 : La ville de Constantine, étude de géographie urbaine. Alger, E.N.A.L., 445p.
- LACAZE. J.P., 1990 : Les méthodes de l'urbanisme. Paris, Presses universitaires de France, 127p.
- LACHERAF. M., 1978 : L'Algérie, nation et société. Alger, S.N.E.D, 346p.
- LACROIX. JM., 1997 : Villes et politiques urbaines au Canada et aux Etats-Unis. France, La Sorbonne nouvelle, 317p.
- LAVEDAN. P., 1952 : Histoire de l'urbanisme, époque contemporaine. Paris, Henri Lamens, 446p.
- LIANZU. C, MEYNIER. G, SGROI-DUFRESNE. M, SIGOLES. P., 1985 : Enjeux urbains au Maghreb. Paris, L'Harmattan, 218p.
- MASSIAH. G, TRIBILLON. JF., 1988 : Villes en développement, essai sur les politiques urbaines dans le tiers monde. Paris, La découverte, 320p.
- MARÇAIS G, et ALL. : Histoire d'Algérie, Paris, Ed Boivin, 327p.
- MECHETA. K et ALL, 1990 : Maghreb, architecture, urbanisme, patrimoine, tradition et modernité. Paris, Publisud, 217p.
- MEIER. R., 1972 : Croissance urbaine et théorie des communications. Paris, Presses universitaires de France, 236 p.
- MERCIER E., 1878 : Constantine avant la conquête française, 1837 : notice sur cette ville à l'époque du dernier Bey. Constantine, Ed typogr. Armolet, 56p.
- MERLIN. P., 1972 : Les villes nouvelles. Paris, Presses universitaires de France, 381p.

- **MERLIN. P.**, 1994 : La croissance urbaine. Paris, Presses universitaires de France, 127p.

- **MERLIN. P.**, 1997 : Les villes nouvelles française, France, PUF, collection que sais-je ? 127p.

- **MOREUX. JC.**, 1999 : Histoire de l'architecture. Paris, Gallimard, 187p.

- **MUNFORD. L.**, 1964 : La cité à travers l'histoire. Paris, Du Seuil, 781p.

- **NOUSCHI. A.**, 1961 : Enquête sur le niveau de vie des populations rurales Constantinoises, de la conquête jusqu'en 1919. Paris, Presses universitaires de France, 767p.

- **NOUSCHI. A.**, 1995 : L'Algérie amère 1914-1994. Paris, La maison des sciences de l'homme, 349p.

- **OUETTAR. T.**, 1981 : Ez-zilzel [le séisme] Reghaia, Société nationale d'édition et de diffusion, 175p.

- **PAQUOT. T et All.**, 2000 : La ville et l'urbain, l'état des savoirs. Paris, La découverte, 440p.

- **ROZET et CARETTE.**, 1980 : L'Algérie. Tunis, Bouslama, 347p.

- **RAHMANI. C.**, 1982 : La croissance urbaine en Algérie, coût de l'urbanisation et politique foncière. Alger, Office des publications universitaires, 317p.

- **RAYMOND. A..**, 1985 : Grandes villes arabes à l'époque ottomane. Paris, Sindbad, 389p.

- **ROUSSEAU D., VAUZEILLES G.**, 1992 : L'aménagement urbain. France, Presses Universitaires de France, 126p.

- **SAFAR-ZITOUNI. M.**, 1996 : Stratégies patrimoniales et urbanisation, Alger 1962-1992. France, L'Harmattan, 297p.

- **SEBAG. P.**, 1998 : Tunis, histoire d'une ville. France, L'Harmattan, 685p.
- **SIGNOLES. P, et All.**, 1999 : L'urbanisation dans le monde arabe. Politiques, instruments et acteurs. Paris, CNRS., 373p.
- **SIDI BOUMEDIENNE.**, 1994 : Algérie : textes législatifs et réglementaires actuels en matière d'aménagement, urbanisme foncier, régulation foncière et immobilière : 1985-1993. Tours, URBAMA, 2 Volumes.
- **SGROI-DUFRESNE. M.**, 1986 : Alger 1830-1984, stratégie et enjeux urbains. Paris, Recherche sur les civilisations, mémoire n°63.
- **STEINBERG. J.**, 1991 : Les villes nouvelles d'Ile de France. Paris, Masson, 786p.

2-Mémoires

- **BENMATI. N.**, 1991 : Analyse de l'évolution des processus de production de l'espace de l'habitat informel à Constantine. Thèse de Magister, I.A.U.C., 162p.
- **BESTANDJI-SLIMANI. S.**, 1995 : Intérieur/Extérieur, pour une lecture de l'espace urbain à Constantine. Thèse de Magister, I.A.U.C., 274 p.
- **BOHERQUEZ. G-G.**, 1994 : Le sens du terme « Ville Nouvelle » en France, après 1965. Analyse d'un cas type : la Ville Nouvelle de Marne la Vallée. Mémoire de DEA. Ecole d'architecture de Paris Belleville. 55p.
- **CHERRAD. F.**, 1980 : Une métropole saturée : croissance et mobilité des populations de Constantine et sa wilaya. Thèse de Magister, I.S.T., 255p.

- **CHOUGHIAT. N.**, 2001 : Mécanisme et production de logements en Algérie. Thèse de Magister, I.A.U.C, 140p.
- **CHOUGUIAT. S.**, 1997 : Report de croissance de Constantine et le devenir d'un centre satellite : cas de Ain Smara. Thèse de Magister, I.A.U.C., 189p.
- **DEBOULET. A.**, 1984 : Stratification sociale et villes nouvelles autour du Caire : perspective d'une politique d'urbanisme. Mémoire de Maîtrise. Université de Paris X, 92p.
- **HAKIMI. S.**, 1993 : L'urbanisme de l'entre-deux guerres à Alger. Le plan d'aménagement d'embellissement et extension de la ville d'Alger. Mémoire de DEA. Ecole d'architecture de Belleville. 141p.
- **KARA H.**, 1997 : Croissance urbaine et mode de développement de Constantine, Thèse de Magister, I.A.U.C., 187p.
- **LAYEB. H.**, 1996 : Dynamique urbaine et promotion administrative en Algérie. Thèse d'Etat, I.S.T., 323p.
- **MAAROUK. M.**, 1998 : Statut d'un pôle périurbain gravitant autour d'un centre Constantine, cas d'El Khroub. Thèse de Magister, I.A.U.C., 230p.
- **MARCAIS. G**, La conception des villes dans l'islam.
- **MESKALDJI. G.**, 1979 : Les quartiers spontanés de Constantine. D.E.A., C.N.R.S., Tours.
- **PAGAND. B.**, 1988 : La médina de Constantine : de la cite traditionnelle au centre de l'agglomération contemporaine. Thèse de doctorat, Université de Poitiers, 355p.
- **RICHARD. C.**, 1993 : Ismailia Ville Nouvelle, 1861-1993. Mémoire de DEA. Ecole d'architecture de Paris Belleville. 56p.

- SPIGA. S., 1986 : Organisation et pratiques de l'espace urbain Constantinois. Thèse de Magister, I.S.T., 226p.

3-Publications / Communications / Articles

- ASMA. K., 2001 : Liberté, la nouvelle bataille d'Alger. In valeurs actuelles du 5 octobre 2001, pp32-41.
- BADJADJA. A., 1989 : Historique de la ville de Constantine, in Constantine (colloque Médinas Maghrébines.)Constantine, I.A.U.C., 1989, pp3-6.
- BELMOUSS. H., 1999 : Retour d'Alger. In revue urbanisme n°306, pp32-36.
- BENDJLID. A., MEKKAOUI. M., A.N.A.T de Tlemcen : Des acteurs locaux face aux questions de développement local : la mise en œuvre du plan d'aménagement de la wilaya de Tlemcen. 8p.
- BENDJLID. A., BENCHEHIDA. D., 1997 : Eléments de dysfonctionnement urbain au sein d'une métropole régionale algérienne : Oran. 8p.
- BRULE. J-C, MUTIN. G., 1982 : Vers un Maghreb des villes en l'an 2000. In Maghreb-Machrek, n°96, pp5-65.
- BRULE. J-C, MUTIN. G., 1982 : Industrialisation et Urbanisation en Algérie. In Maghreb-Machrek, n°96, pp41-65.
- BOUMAZA. N., 1976 : Politique de l'habitat rural et aménagement du territoire en Algérie. In bulletin de la société Languedoc de géographie n°1, pp33-52.
- BOUMAZA. N., 1994 : A propos des villes du Maghreb, mutations structurelles et formelles. In : cahiers d'URBAMA, n°9, pp51-96.

- **BOUMAZA. N.**, 1994 : Connaissance des médinas : impasses et ouvertures. In : cahier d'URBAMA, n°9, Tours, C.N.R.S., pp29-49.

- **BOUMAIZA. C., PENELON Y.**, 1979 : Site et problème de croissance spatiale de Constantine. In : Les cahiers de la recherche spéciale aménagement du territoire. N°7, pp74-80.

- **CHARMES J.**, 1994 : Visible et invisible, le secteur informel dans l'économie urbaine du monde arabe. In colloque international sur la « société urbaine dans le monde arabe : transformations, enjeux, perspectives ». Italie, 12-13 décembre 1994, 16p.

- **CHERRAD. S-E.**, 1996 : L'armature rurale dans la proche région de Constantine. Constantine, U.R.A.M.A., 37p.

- **CHERRAD. S-E.**, 1998 : Constantine : de la ville sur le rocher à la ville sur le plateau. In Rhummel : revue des sciences de la terre et de l'aménagement. Constantine, publication de l'institut des sciences de la terre de l'université de Constantine, n°6, pp49-55.

- **CHEVALIER DOUMEC. D.**, 1995 : Images de villes et politiques urbaines. In colloques « villes en projets » Talence 23-24 mars 1995, 8p.

- **COTE. M.**, 1976 : Révolution agraire et société agraire : le cas de l'est algérien. In les problèmes agraires au Maghreb, CNRS, pp173-184.

- **COTE. M.**, 1986 : La petite ville et sa place dans le développement algérien. In Fascicule de recherche URBAMA. Tours, URBAMA, n°16-17, pp669-716.

- **COTE. M.**, 1993 : l'urbanisation en Algérie : idée reçue et réalités. Travaux de l'institut de géographie de Reims, n°85-86, pp59-72.

- **COTE. M.**, 1995 : L'Algérie, la quête de l'autonomie locale. In Monde arabe- le retour du local, peuples méditerranéens, n°72-73, pp123-132.

- **CRISTINI. R.**, 2000 : Rapport introductif. In colloque « les directives territoriales d'aménagement. », Sophia-Antipols 24-25 février 2000, 9p.

- **DENIS. E.**, 1999 : La face cachée des Villes Nouvelles, dossier Villes Nouvelles de Al gumuruyya. In lettre d'information, n°49 de l'observatoire urbanisme du Caire contemporain, CEDEJ, pp38-46.

- **DEBOULET. A.**, 1993 : Réseaux sociaux et nouveaux quartiers au Caire. In les annales de la recherche urbaine, n°59-60, pp78-89.

- **EDOUARD. H., ALI RADWAN. R.**, 2000 : La région du grand Caire : efforts de planification à long terme du développement urbain ou le schéma directeur de l'urbanisation du grand Caire. In lettre d'information de l'observatoire urbain du Caire contemporain n°50, CEDEJ, pp55-59.

- **EL KADI. G.**, 1995 : Le Caire à la recherche d'un centre. In Annales de géographie, n°16, pp37-73.

- **EL KADI. G., MAGBIE. R.**, 1995 : Les villes nouvelles d'Egypte, la conquête du désert entre mythe et réalité. In Villes en parallèles, n°22, pp159-176.

- **FLORIN. B.**, 1995 : 6 octobre, ville secondaire ou banlieue du Caire ? In ville en parallèle, n°22, pp179-198.

- **GAIDON. A.**, 1986 : Rôle et place des petites villes dans la dynamique du système urbain algérien. In Fascicule de recherche URBAMA, n°16-17, pp717-733.

- **GERNIMO-GAIDON. A.**, 1988 : Croissance des grandes villes, péri-urbanisation en Algérie. In colloque international de la gestion des grandes villes 2-5 avril 1988, 22p.

- **GOSSE. M.**, 2000 : La crise mondiale de l'urbanisme, quels modèles urbains? In les annales de la recherche urbaines, n°86, 6p.

- **GOZE. M.**, 1995 : Ville et intégrations urbaines entre projet de développement et projet institutionnel. In colloque « Ville en projet », 22p.

- **HAMIDA. OM.**, 1999 : La politique de la ville ou le réaménagement du grand Alger. Quotidien El Watan du 26 avril 1999.

- **HOWARD. J-M THOMAS.**, 1987 : Les Villes nouvelles britanniques. In les grands propriétaires fonciers urbains. Adef, pp15-19.

- **I.A.U.C.**, 1989 : Colloque Médinas Maghrébines, Résumés des communications. Constantine, 42p.

- **JAILLET-ROMAN. M-C.** : La ville creuset du « faire société? » In revue habitat et société, dossier quelle ville demain? L'union nationale HLM, n°19, pp20-21.

- **JELLAL. A.**, 1994 : Enjeux urbains et défis culturels à propos du monde arabe, villes, pouvoirs et sociétés, 7p.

- **JOLE. M.**, 1999 : Rabat Salé, trente ans après. In urbanisme, n°108.

- **JOSSIFORT. S.**, 1995 : L'aventure des villes nouvelles, vingt ans après : bilan et débat. In Egypte/Monde arabe, n°23, pp169-191.

- **JOSSIFORT. S.**, 1995 : Villes Nouvelles et new-settlements : l'aménagement du désert Egyptien en question. In les cahiers d'URBAMA n°10, pp29-43.

- **JOSSIFORT. S.**, 2000 : Les Villes Nouvelles d'Algérie. In urbanisme, n°311, pp24-29.

- **LEPOUL. G.**, 1977 : Mille villages socialistes en Algérie. In Maghreb-Machrek n°77.

- **MEHIRI. S.**, 2000 : Une nouvelle urbanité. Construire une vision partagée de la ville. In habitat et société, dossier quelle ville demain? L'union nationale HLM, n°19, pp18-19.

- **MESSAMEH. K.**, 1977 : Croissance urbaine dans les pays de la périphérie, problèmes fonciers et immobiliers et occupation de l'espace urbain, le cas de la région d'Oran (Algérie). In colloque sur les mécanismes de la croissance de l'espace urbain à la périphérie des villes dans les pays tropicaux. Bordeaux, 27p.

- **MUTIN. G.**, 1984 : Industrialisation et urbanisation en Algérie. In citadins, villes, urbanisation dans le monde arabe aujourd'hui, numéros hors-série de la collection URBAMA, Tours, pp87-113.

- **PAGAND. B.**, 1994 : De la ville arabe à la ville européenne : Architecture et formation urbaine à Constantine au XIX siècle. In Revue du Monde Musulman et de la Méditerranée, n°73-74, pp281-294.

- **PAQUOT. T.**, 1999 : Le devenir urbain du monde. In revus urbanisme, n°309, pp126-130.

- **PAQUOT. T.**, 2000 : La ville et après? In revus habitat et société, dossier quelle ville demain? France, L'union nationale HLM, n°19, pp18-19.

- **PAQUOT. T.**, 2001 : Navi Mumbai en rade ? In revus urbanisme, n°318, pp20-23.
- **PRENANT. A., SEMMOUD B.**, 1978 : Les nouvelles périphéries urbaines en Algérie : une rupture avec les oppositions traditionnelles, centre- périphéries. E.R.A 706, n°3, pp25-65.
- **REY-GOLDZEIR. A.**, 2002 : France-Algérie, 1830/2002, 172 ans de drames et de passions, in L'Expresse n°2645 du 14 au 20 Mars 2002, pp90-105.
- **SEMMOUD. B.**, 1997 : Armature urbaine et organisation régionale en Algérie sur le rôle particulier des petites et moyennes villes. In Cahier du Gremano, n°14, pp41-53.
- **SEMMOUD. B.**, 1998 : Planification ou bricolage ? Quelques aspects de la planification urbaine en Algérie. In Cahier d'URBAMA, pp63-72.
- **SIDI BOUMEDIENE. R.**, 1986 : Planification et aménagement, contribution à un débat interne sur la question des plans d'aménagement : note interne. Alger, URAT, 41p.
- **SIGNOLES. P.**, 1988 : Place des médinas dans le fonctionnement et l'aménagement des villes au Maghreb. In Fascicule de recherche, n°19, pp231-263.
- **SPIGA. Y.** : Les glissements de terrain à Constantine – Quotidien « El – Watan » des 9 et 10 novembre 1999.
- **VILLAGES SOCIALISTES ET HABITAT RURAL**, O. P. U. 134p
- **WEEXSTEEN. R.**, 1977 : Aspects spécifiques de la recherche urbaine en Algérie. Tours, Table ronde sur l'urbanisation au Maghreb, E.R.A. 706, 11p.

4-Rapports

- **A.A.R.D.E.S.**, 1978 : Etude sur les villages socialistes. Données socio – économiques et conditions de logement. Alger, 207p.
- **A.N.A.T.** : Plan d'aménagement de la wilaya de Constantine mission I. Bilan diagnostique et orientations d'aménagement, 259p.
- **A.N.A.T.** : Plan d'aménagement de la wilaya de Constantine, mission II. Rapport final, 211p.
- **C.A.D.A.T.**, 1975 : Les problèmes de la croissance urbaine dans l'est algérien, les orientations de la planification urbaine. Alger, 40p.
- **CHARTE D'ALGER** : Année 1964 (F.L.N).
- **CHARTE NATIONALE** : Année 1986.
- **CONSEIL NATIONAL ECONOMIQUE ET SOCIAL.**, 1995 : Rapport relatif au projet de stratégie nationale de l'habitat. 51p.
- **CONSEIL NATIONAL ECONOMIQUE ET SOCIAL.**, 1995 : Rapport général sur les villes nouvelles. Alger, C.N.E.S, 23p
- **CONSEIL NATIONAL ECONOMIQUE ET SOCIAL,** mai 2003 Projet de rapport : « l'urbanisation et les risques naturels en Algérie : inquiétudes actuelles et futures. 81p
- **DIRECTION DE L'INFORMATION ET DE LA CULTURE.**, Constantine, An nasr, 28p.
- **DEMAIN L'ALGERIE**, l'état du territoire, la reconquête du territoire, 1995, Ministère de l'équipement et de l'aménagement du territoire, O.P.U.
- **D.P.A.T.**, 1991 : Constantine par les chiffres. Constantine, D.P.A.T., 73p.
- **Eléments de composition urbaine**, 1994. Document d'urbanisme. Alger, E.N.A.G, 89p.

- **I.S.T.**, 2001 : Résumé des communications du Séminaire National : Une ville nouvelle, pourquoi ? Constantine, I.S.T., 30p.
- **Monographie de la wilaya de Constantine**, 2000. Direction de la planification et de l'aménagement du territoire, 382p.
- **La création des Villes Nouvelles**, rapport introductif, présenté à l'I.A.U.R.P.
- **O.N.S.**, 1999 : Armature urbaine, recensement général de la population et de l'habitat 1998 n°97. Alger, O.N.S, 95p.
- **O.N.S.**, juin 1999 : R.G.P.H., 1998, Recensement général de la population et de l'habitat 1998 n°80. Alger, O.N.S., 180p.
- **O.N.S.**, octobre 1999 : R.G.P.H., 1998, Recensement général de la population et de l'habitat 1998 n°81. Alger, O.N.S., 167p.
- **U.R.B.A.C.O.**, 1991 : Pourquoi une ville nouvelle ? Rapport préliminaire, 13p.
- **U.R.B.A.C.O.**, 1994 : Ville nouvelle d'Ain El Bey. Rapport préliminaire.
- **U.R.B.A.C.O.**, 1994 : PDAU du groupement de Constantine. 148p.
- **U.R.B.A.C.O.**, 1994 : POS, première tranche de la ville nouvelle. 160p.
- **U.R.B.A.C.O.**, 1998 : PDAU du groupement de Constantine. Rapport d'orientation (Synthèse), 66p.
- **U.R.B.A.C.O.**, 1998 : PDAU du groupement de Constantine. Règlement d'urbanisme. 80p.

5-Articles Internet

- **ASCHER. F**, Préface : habitat et villes : l'avenir en jeu. 4p.

www.urbanisme.equipement.gouv.fr/cdu/datas/docs/ouvrs/preface. htm.

- **ASCHER. F**, Projet publics et réalisations privées. Le renouveau de la planification des *villes*. In annales de la recherche urbaine. 17p.
www.urbanisme.equipement.gouv.fr/cdu/datas/annales/ascher.htm.
- **BENACHENHOU. A.** : L'Algérie.
www.universalis-edu.com/doc/atlas/articles/c099142-4.htm.
- **BENYAHIA. M-N.**, Contexte politique national en matière de lutte contre l'habitat insalubre. 13p. www.globenet.org.
- **COMBAY. J.**, 1997 : Aménagement du territoire. 1p. http://perso.wanadoo.fr/joseph.combay/voc/aménagement-du-ter.htm.
- **KHAROUFI. M.** : Urbanisation et recherche dans le monde arabe. 25p.
www.unesco.org/most/kharoufi.htm.

6-Revues et magazines

- **ALGEROSCOPE** : l'Algérie en chiffres-Année 2002, 86p.
- **El Moudjahid,** n°45 du 6 juillet 1959.
- **URBANISME**, 1982 : Naissance et renaissance de la cité, n°190/191, 119p.
- **URBANISME,** 2001 : Temps et territoires, n°320, 97p.

8-JOURNAUX OFFICIELS
- **J.O.R.A.** n°49 du 18 novembre 1990.
- **J.O.R.A.** n°52 du 2 décembre 1990.
- **J.O.R.A.** n°56 du 26 décembre 1990.

- **J.O.R.A.** n°25 du 29 mai 1991.
- **J.O.R.A.** n°26 du 1er juin 1991.
- **J.O.R.A.** n°28 du 4 juin 1991.
- **J.O.R.A.** n°62 du 4 décembre 1991.
- **J.O.R.A.** n°09 du 22 février 1998.
- **J.O.R.A.** n°97 du 27 décembre 1998.
- **J.O.R.A.** n°49 du 9 août 2000.
- **J.O.R.A.** n°77 du 15 décembre 2001.
- **J.O.R.A.** n°34 du 14 mai 2002.

Liste des figures

- **Fig 1.** : Constantine, berceau de la civilisation de l'Algérie Orientale. P78.
- **Fig. 2.** : Situation géographique de Constantine dans sa région. P84.
- **Fig. 3.** : Formation géologique de la ville de Constantine. P86.
- **Fig. 4.** : Localisation de la wilaya de Constantine dans le remodelage administratif de l'Algérie Nord - Orientale. P79.
- **Fig. 5.** : Le découpage administratif du groupement de Constantine. P79.
- **Fig. 6.** : Aperçu sur la structure triangulaire de l'armature urbaine de l'espace constantinois. P124.
- **Fig. 7.** : Hiérarchisation des secteurs économiques de la wilaya de Constantine. P134.
- **Fig. 8.** : Le programme "ville nouvelle" de l'agglomération du Grand Caire. P162.
- **Fig. 9.A.** La ville nouvelle de Hassi Messoud dans le Sahara algérien. P168.
- **Fig. 9 .B.** Les composantes urbaines de la ville nouvelle de Hassi Messoud. P168.
- **Fig. 10.** : La ville nouvelle de Boumerdès dans la région d'Alger. P170.
- **Fig. 11.A.** La ville nouvelle de Naâma dans la région de Tlemcen. P173.
- **Fig. 11.B.** La ville nouvelle de d'Oum El Bouaghi dans la région de Constantine. P173.
- **Fig. 11.C.** La ville nouvelle d'El Taref dans la région d'Annaba. P173.

- **Fig. 11.D.** La ville nouvelle d'Illizi dans le grand Sud.P173.
- **Fig. 12.** : La ville nouvelle de Boughzoul dans la région de Médéa. P175.
- **Fig. 13.** : Situation historique du plateau d'Ain El Bey.P186.
- **Fig. 14.** : Situation du plateau d'Ain El Bey dans l'organisation urbaine de la wilaya de Constantine. P194.
- **Fig. 15.** : Potentialités géotechniques des sols. P200.
- **Fig. 16.** : Schéma d'organisation de la ville Ali Mendjeli.P212.
- **Fig. 17.** : Schéma de principe théorique. Ville nouvelle polycentrique sur le plateau d'Ain El Bey. P215.
- **Fig. 18.** : Schéma de principe théorique. Ville nouvelle linéaire sur le plateau d'Ain El Bey. P222.

Liste des tableaux

- **Tab 1** : Tableau comparatif entre habitants XV° et 1830. P29.
- **Tab 2** : Répartition de la population selon les trois grands ensembles de l'espace physique algérien. P40.
- **Tab 3** : Répartition de la population dans le Nord. P42.
- **Tab 4** : Dispersion de la population. P43.
- **Tab 5** : Evolution du nombre d'agglomération aux quatre recensements. P44.
- **Tab 6** : Répartition des agglomérations urbaines par strates. P44.
- **Tab 7** : Répartition de la population par strates. P45.
- **Tab 8** : Evolution de la population urbaine et rurale 1886/1998. P46.
- **Tab 9** : Evolution de la population Algérienne depuis 1830. P52.
- **Tab 10** : Réalisations de 1962 à 1984 et de 1985 à 1987. P63.
- **Tab 11** : Découpage administratif actuel de la Wilaya de Constantine. P85.
- **Tab 12** : Secteurs urbains de Constantine. P87.
- **Tab 13** : Mouvement naturel de la population de la Wilaya de Constantine (année 1997). P89.
- **Tab 14** : Evolution de la population de la Wilaya de Constantine. P90.
- **Tab 15** : Densité de la population par commune. P91.
- **Tab 16** : Evolution de la population de la commune de Constantine (1948/1998). P96.
- **Tab 17** : Evolution du parc logements de Constantine. Tableau comparatif entre 1987 et 1998. P104.
- **Tab 18** : Répartition des logements de la population Algérienne en 1959 selon les types et les périodes de construction. P110.
- **Tab 19** : Répartition de la population en 1960 selon le type de logement. P110.

- **Tab 20** : Etat des bidonvilles de la ville de Constantine avant le 31.12.2000. P111.
- **Tab 21** : Bidonvilles éradiqués et relogement des ménages. P112.
- **Tab 22** : Sites des glissements de terrains. P114.
- **Tab 23** : Comparaison entre la population de 1977 à 1998 d'une part et des logements de 1987 à 1998 d'autre part (Ain Smara). P126.
- **Tab 24** : Comparaison entre la population de 1977 à 1998 d'une part et des logements de 1987 à 1998 d'autre part (El Khroub) P127.
- **Tab 25** : Comparaison entre la population de 1977 à 1998 d'une part et des logements de 1987 à 1998 d'autre part (Didouche Mourad). P127.
- **Tab 26** : Comparaison entre la population de 1977 à 1998 d'une part et des logements de 1987 à 1998 d'autre part (Hamma Bouziane). P128.
- **Tab 27** : Population et densité du groupement de Constantine. P128.
- **Tab 28** : Evolution de la population du groupement de Constantine. P129.
- **Tab 29** : Evolution de la population à long terme - 2015. P130.
- **Tab 30** : Estimation du parc logements à réaliser dans le groupement de Constantine : 2000 - 2015. P133.
- **Tab 31** : Répartition générale des terres agricoles 1997 - 1998. P133.
- **Tab 32** : Répartition des capacités et branchements téléphoniques par commune. P135.
- **Tab 33** : Disponibilité des terrains urbanisables - groupement. P140.
- **Tab 34** : Besoins en terrains d'urbanisation - groupement. P143.
- **Tab 35** : Evaluation des disponibilités foncières urbanisables dégagées par P.D.A.U. au 30 décembre 2002. P143.
- **Tab 36** : Logements à réaliser. P144.
- **Tab 37** : L'inscription, la réalisation et l'évolution des villages en 1973 et 1981. P179.

- **Tab 38** : Quartiers et U.V. de la ville Ali Mendjeli. P183.
- **Tab 39** : Processus d'urbanisation du plateau d'Ain El Bey – période post- coloniale. P188.
- **Tab 40** : Evolution de la population du plateau jusqu'à 1998 – ville Ali Mendjeli non comprise. P190.
- **Tab 41** : Positionnement climatique du plateau d'Ain El Bey. P197.
- **Tab 42** : Caractéristiques des unités de voisinages (U.V). P206.
- **Tab 43** : Situation des logements. P250.
- **Tab 44** : Situation actuelle des équipements :
    1) Equipements destinés à l'Education Nationale et aux activités de jeunesse. P250.
    2) Autres équipements. P251.

Abréviations
- **A.A.D.L.** : Agence Nationale de l'Amélioration et de Développement du Logement.
- **A.E.I.** : Alimentation en Eau d'Irrigation.
- **A.E.P.** : Alimentation en Eau Potable.
- **A.N.A.T.** : Agence Nationale pour l'Aménagement du Territoire.
- **A.P.C.** : Assemblée Populaire Communale.
- **B. D. L.** : Banque de Développement Local.
- **B.T.P.** : Bâtiment et Travaux Publics.
- **C.F.P.** : Centre de Formation Professionnelle.
- **C.N.E.P.** : Caisse Nationale d'Epargne et de Prévoyance.
- **C.N.L.** : Caisse Nationale du Logement.
- **Cité U.** : Cité Universitaire.
- **C.N.E.S.** : Conseil National Economique et Social.
- **COOP. IMMO** : Coopérative Immobilière.
- **C.P.A.** : Crédit Populaire d'Algérie.
- **DAIRA** : Equivalent à une Sous-Préfecture en France.
- **D.L.E.P.** : Direction du Logement et des Equipements Publics.
- **D.P.A.T.** : Direction de la planification et de l'aménagement du territoire.
- **D.U.C.** : Direction de l'Urbanisme et de la Construction.
- **D.U.C.H.** : Direction de l'Urbanisme, de la Construction et de l'Habitat.
- **E.F.E.** : Ecole Fondamentale Elémentaire. (Ecole Primaire).
- **E.F.S.** : Ecole Fondamentale Secondaire (Collège d'Enseignement Moyen).
- **Equipts.** : Equipements.

- **E.P.E.C.O.** : Etablissement Public de gestion et de distribution des Eaux de Constantine (actuellement Algérienne des Eaux).
- **Fig** : figure.
- **G.S.** : Groupe Scolaire (Ecole Primaire).
- **Ha.** : Hectares.
- **I.A.U.C.** : Institut d'Architecture, d'Urbanisme et de Construction.
- **I.S.T.** : Institut des Sciences de la Terre.
- **J.O.R.A.** : Journal Officiel de la République Algérienne.
- **Logts.** : Logements.
- **L.S.P.** : Logement Social Participatif.
- **N.C.A.** : Non Classés Ailleurs. (Strate).
- **O.N.S.** : Office National des Statistiques.
- **O.P.G.I.** : Office pour la Promotion et la Gestion Immobilières.
- **Place pédagog.** : Place pédagogique.
- **P.A.W.** : Plan d'Aménagement de la Wilaya.
- **P.D.A.U.** : Plan Directeur d'a Aménagement et d'Urbanisme.
- **P.D.C.** : Plan de Développement Communal.
- **P.N.D.A.** : Plan National de Développement Agricole.
- **P.N.D.A.R.** : Plan National de Développement Agricole et Rural.
- **P.O.S.** : Plan d'Occupation des Sols.
- **Prog.** : Programme.
- **P.U.D.** : Plan d'Urbanisme Directeur.
- **R.G.P.H.** : Recensement Général de la Population et de l'Habitat.
- **S. I. C.** : Société Immobilière Civile.
- **S.A.T.** : Superficie Agricole Totale.
- **S.A.U.** : Superficie Agricole Utile
- **S.U.** : Semi - Urbaine. (Strate).

- **SUB.** : Sub - Urbaine (Strate).
- **SUP.** : Semi - Urbaine Potentielle. (Strate).
- **SONELGAZ** : Société Nationale d'Electricité et du Gaz.
- **Tab.** : Tableau.
- **T.A.N.** : Taux d'Accroissement Naturel.
- **T.B.M.** : Taux Brut de Mortalité.
- **T.B.N.** : Taux Brut de Natalité.
- **T A.** : Taux d'accroissement.
- **T.O.L.** : Taux Occupation Logement.
- **T.O.P.** : Taux Occupation Pièce.
- **U.** : Urbaine. (Strate de l').
- **U.S.** : Urbain Supérieur. (Strate de l').
- **U.R.B.A.C.O.** : Centre d'étude et de réalisation en urbanisme Constantine.
- **U.V.** : Unité de Voisinage.
- **WILAYA** : Equivalent à un département en France.
- **Z.A.M.** : Zone d'Activités Multiples.
- **Z.H.U.N.** : Zone d'Habitat Urbaine Nouvelle.

ANNEXES

Sondage sur l'emploi effectué par mes soins : (en 2005)

Population concernée : <u>Habitants de la ville nouvelles ALI MENDDJELI</u>
- Nombre de personnes interrogées : 56;
- Nombre total de travailleurs : 21;
- Lieu d'exercice :
    - a) Constantine : 12;
    - b) El Khroub: 03;
    - c) Ain Smara: 02;
    - d) Ali Mendjeli: 04.

- Nombre total d'inactifs : 35.

Ces chiffres confirment que la migration vers Constantine ne s'estompera pas de sitôt, le manque d'emplois et également de loisirs étant un motif recherché pour grossir le flot des visiteurs se rendant au chef-lieu de wilaya.

Key Words :

Constantine – new city – town planning – outskirts – rural depopulation – landslides.

Summary:

"To assert today that cirta is one of the most ancient cities in the world is certainly a meritorious recongnition!"[90]

Suffering from an "over saturation", Constantine which "had condamined" its satellites, is still living tense pressures that may cause – if they last – a real "disaster". Consequences of the successive colonisations on urbanisation and rural depopulation, landslides – always frightening -, the out and out industrialism of the years 1979 – 1980,"financed by the hydrocarbons", that removed the country people to a distance, and the proliferation of slums corroborate this worrying situation.

Conscious of this "endemic illress", the authorities "are displaying at present enarmous efforts to retaure the cultural patrimony,……, to realize ambitious projects in town planning such as solutions to landslides"[91], water filtering stations, and building a new town in Ain el Bey: ALI MENDJELI.

---

[90] www.constantine.free
[91] www.constantine.free

Oui, je veux morebooks!

i want morebooks!

Buy your books fast and straightforward online - at one of world's fastest growing online book stores! Environmentally sound due to Print-on-Demand technologies.

Buy your books online at
www.get-morebooks.com

Achetez vos livres en ligne, vite et bien, sur l'une des librairies en ligne les plus performantes au monde!
En protégeant nos ressources et notre environnement grâce à l'impression à la demande.

La librairie en ligne pour acheter plus vite
www.morebooks.fr

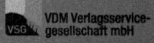

VDM Verlagsservicegesellschaft mbH
Heinrich-Böcking-Str. 6-8   Telefon: +49 681 3720 174   info@vdm-vsg.de
D - 66121 Saarbrücken   Telefax: +49 681 3720 1749   www.vdm-vsg.de

Printed by Books on Demand GmbH, Norderstedt / Germany